Norbert Steinhauser

Geschoßwirkung und Kugelfang

Österreichischer Jagd- und Fischerei-Verlag

Norbert Steinhauser

Geschoßwirkung und Kugelfang

beim Büchsenschuss

Österreichischer Jagd- und Fischerei-Verlag

Norbert Steinhauser, Jahrgang 1962,
ist gelernter Büchsenmacher, Berufsschießausbildner und Einsatztrainer für behördliche Einsatzschützen. Er stammt aus dem niederösterreichischen Waldviertel und lebt in Wien.

Titelbild: Norbert Steinhauser

Fotos: Johann Gspurning, Seite 12; Dieter Nagl, Seite 104;
Michael Migos, Seite 106
Alle anderen Fotos: Norbert Steinhauser
Fotomontagen: Dominik Steinhauser

Vertriebsleitung: Hermann Striednig

Verlagsassistenz und Sekretariat: Angela Pleyel

Layout & Repro: Martin Grasberger

Lektorat & Leitung Produktion: Michael Sternath

Shattapole Shattahand,
*gonnabee Shootin * !!?*

Gesamtherstellung: Druckerei Theiss, Sankt Stefan im Lavanttal

ISBN 978-3-85208-122-9

INHALT

Vorwort

Vor einigen Jahren war es wie verhext: In kurzer Folge passierten viele und vor allem schwere Unfälle mit Schusswaffen auf der Jagd. Das gab mir zu denken: Ich spürte: Da bestand Handlungsbedarf! Im Grunde genommen war das die Geburtsstunde dieses Buches.

Der Handlungsbedarf besteht nämlich noch immer. Als beruflicher Schieß- und Einsatztrainer von Sondereinheiten, Fachjournalist, Buchautor und jagdlicher Schießtrainer weiß ich, wovon ich spreche. Gerade bei der Arbeit mit Jägern im Revier – etwa bei Riegeljagd-Seminaren – habe ich gemerkt, dass hinsichtlich Geschoßwirkung und Kugelfang beim Büchsenschuss noch immer dringender Aufklärungsbedarf besteht. Schließlich darf man nie vergessen: Es geht hier um die Sicherheit!

Damit wir in der Lage sind, einen Kugelfang richtig einzuschätzen, müssen wir uns vorher über die Wirkung von Büchsengeschoßen kundig machen. Der erste Abschnitt des Buches erklärt daher – so einfach wie möglich – die Wirkung von Geschoßen. Dies ist auch für die Umstellung auf „bleifrei“ äußerst wichtig.

„Bleifreie Munition“ – das Thema hat in Mitteleuropa in letzter Zeit viel Staub aufgewirbelt. Tötungswirkung und Abprallverhalten werden heftig diskutiert. Inzwischen gibt es gute wissenschaftliche Erkenntnisse dazu. Meist aber kann der „normale“ Jäger mit den Aussagen der Ballistiker wenig anfangen. Der erste Abschnitt wird den Weg zum Verständnis dieser Aussagen ebnen. Nachdem der Jäger ihn gelesen hat, wird er genau Bescheid wissen, was er tun und berücksichtigen muss, damit eine Umstellung auf „bleifrei“ gelingt.

Der zweite Abschnitt ist dem Kugelfang gewidmet. Da haben wir Jäger allergrößte Verantwortung, sind wir doch die einzigen Menschen, die „kreuz und quer“ im Revier Schüsse abgeben dürfen. Jeden dieser Schüsse müssen wir verantworten. Auf einem Schießstand gibt es Blenden und Wälle. Im Revier aber ist keine Sicherung gegen einen unbeabsichtigten oder fahrlässigen Schuss da. Daher haben wir die höchste Sorgfaltspflicht, unsere Büchsengeschoße, wenn sie aus dem Lauf sind, durch einen geeigneten Kugelfang zu stoppen und gefahrlos zu „entsorgen“.

Den Abschluss des Buches bildet ein umfangreicher Bildteil, wie er in dieser Form für Jäger noch nie zu sehen war. Sie, werter Leser, haben hier die Möglichkeit, auf Birsch zu gehen und sich bei jedem Bild zu fragen: Hätte ich geschossen oder nicht? – Und sollte jemand in diesem Buch auch nur die Fotos ansehen, er wird danach viel besser in der Lage sein, den Kugelfang einzuschätzen.

Einen wissenschaftlichen Anspruch stellt dieses Buch nicht. Es soll lediglich meine eigenen Erfahrungen mit internationalen Erkenntnissen vernetzen und dem Jäger Antwort auf Fragen geben, die ihn beschäftigen – etwa bei der Umstellung auf „bleifrei“. Es soll ferner die – teils nebulöse – Diskussion durch gesicherte Fakten anreichern. Vor allem aber soll es Bewusstsein und solides Wissen über den Kugelfang und den Schuss mit der Büchse aufbauen – auf dass Jagdunfälle in Zukunft nicht mehr vorkommen …

Das Buch wäre nicht vollständig, würde ich nicht meinem Sohn Dominik Dank sagen, der mir – als akademischer Techniker und vor allem als fermer Vollblutjäger – immer das nötige Feedback zu meinen Studien gegeben hat und für Diskussionen zur Verfügung stand. Er war es auch, der die Fotomontagen zu diesem Buch erstellt hat, die das Verständnis von so manchem Thema ungemein erleichtern.

Wien, im Herbst 2014 *Norbert Steinhauser*

„Damit wir in der Lage sind, einen Kugelfang richtig einzuschätzen, müssen wir uns vorher über die Wirkung von Büchsengeschoßen kundig machen."

I.

Geschoßwirkung

Geschoßwirkung – ein komplexes Thema

Von unseren Gebrauchsgegenständen erwarten wir einwandfreie Funktion und Qualität. Sind diese nicht gegeben, pochen wir auf Gewährleistung und tauschen sie aus oder geben sie zurück. So oder ähnlich sind die Lebensgewohnheiten in unserer schnelllebigen konsumorientierten Gesellschaft.

Beim Thema „Geschoßwirkung" – bei der Auswahl eines Büchsengeschoßes für die Jagd – ist dies alles nicht so einfach. Nach einem Schuss, der die angestrebte Wirkung verfehlt, kann die Munition nicht einfach retourniert und gegen eine andere ausgetauscht werden. War es nur ein Einzelfall, ein einmaliger Ausreißer? Oder ist diese Wirkung öfters zu beobachten? Möglicherweise wird das Geschoß auch bloß nur im „falschen" Kaliber verwendet, in dem es zu langsam oder zu rasant beschleunigt wird. Vielleicht war der Treffersitz nicht optimal und damit nicht sofort tödlich. Oder es wird das „falsche" Wild gejagt, bei dem das Wildbretgewicht für dieses Geschoß zu hoch oder zu gering ist. Ethisches Grundprinzip ist, das Tier bei der Jagd möglichst schnell und schmerzlos zu töten. Dies gelingt sehr oft, aber nicht immer. Das Thema „Geschoßwirkung" ist jedenfalls höchst komplex. Und das heißt für uns Jäger: Wir müssen uns intensiv damit auseinandersetzen.

Ein weiteres wichtiges Grundprinzip – neben der raschen Tötung – ist die bestmögliche Gewinnung von Wildbret. Hier begibt sich so mancher Jäger auf Glatteis, wenn er sich nur mehr davon leiten lässt und auf unseren ethischen Auftrag zu rascher Tötung vergisst. Ein „Oversize"-Kaliber wiederum führt zwar zwangsläufig zu besserer Sofortwirkung, aber auch zu größerer Wildbretentwertung. Genau darin liegt unsere Aufgabe als verantwortungsbewusste Jäger: Die bestmögliche Geschoßwirkung bei optimaler Wildbretgewinnung zu erreichen. Manchmal müssen wir bei der Jagd stärkere Kaliber verwenden, um die Geschoßwirkung zu erhöhen, weil die Treffer nicht ganz so optimal sind, wie etwa bei Riegeljagden auf Sauen. Dann müssen wir halt Abstriche beim Wildbret in Kauf nehmen.

Brandaktuell ist heute für die Jäger das Thema „bleifrei". Aus bekannten Gründen – Greifvogelschutz, Wildbret, Naturschutz – wird Blei über kurz oder lang aus den Büchsengeschoßen verschwinden. Das spezifische Gewicht von Blei und dessen Härte bzw. Verformungseigenschaften sind für den Büchsengeschoßaufbau geradezu ideal, da dieses Material über Jahrhunderte auch in der Härteanpassung weiterentwickelt wurde. Heute bestehen aber gesundheitliche Bedenken, und so müssen Alternativen gefunden werden. Die Hersteller bemühen sich um Geschoßkonstruktionen aus anderen Metallen. Es gibt auch schon sehr gute bleifreie Ansätze, die in der Praxis funktionieren. Es gibt aber auch Ansätze, die nicht die geforderte Tötungswirkung bringen und damit für die Jagd nicht taugen. Wir werden später sehen, warum.

Jagdlicher Büchsenschuss.

Vieles hat sich in den letzten Jahren beim jagdlichen Büchsenschuss geändert. Nicht zuletzt auch die Geschoßkonstruktionen – Stichwort: bleifrei.

Geschoßwirkung und Tierschutz

Millionen Stück Schalenwild sind unter Verwendung von Büchsengeschoßen erlegt worden. Dies ist auch die einzige Art und Weise, auf die man in unseren Breiten Schalenwild gesetzeskonform erlegen kann. Prämisse ist dabei ein möglichst rascher und schmerzfreier Tod des Wildtieres. Nur unvermeidbare Schmerzen dürfen einem Tier im Zuge der Jagd zugefügt werden, so fordern es die Tierschutzgesetze, und das zu Recht.

Ein sofortiges, rasches und sicheres Töten des Wildes ist also die Zielvorgabe. Auf den Schuss hin sollte sofort oder zumindest sehr schnell Handlungsunfähigkeit des Tieres eintreten. Somit ist klar: Die Geschoßwirkung steht in sehr engem Zusammenhang mit dem Tierschutz. Alles hat sich der raschen Tötung unterzuordnen und darf auch nicht durch einen Gedanken an Wildbret oder was auch immer relativiert werden. Die Geschoßkonstrukteure müssen daher

Nach einem Kammerschuss: zehn Meter pro Sekunde.

Mit einem guten Blattschuss sollte das Stück nach höchstens 5 Sekunden oder 50 Metern Flucht liegen.

eine Brücke zwischen der Einhaltung des Tierschutzes und der schonenden Wildbretgewinnung finden.

Wenn wir die Tötungswirkung analysieren wollen, müssen wir zunächst einmal eine maximale Fluchtdistanz des beschossenen Wildes festlegen, die wir akzeptieren können und müssen. Manchmal wird die maximale Zeit bis zur Handlungsunfähigkeit des beschossenen Stückes mit „ein paar Sekunden" angegeben. Das ist zu ungenau. Eine Beurteilung der jagdlichen Eignung eines Geschoßes – rasche Tötung nach einem sauberen Treffer in der Vitalzone (Kammerschuss) – ist nur über die Fluchtstrecke des Wildes möglich. Sie ist für uns Jäger der einzige in der Praxis überprüfbare Parameter.

Tierschutzexperten fordern, dass die Handlungsunfähigkeit eines Tieres im Zuge der Tötung nach höchstens 5 Sekunden eintritt. Sie sind sich weiters einig, dass die Fluchtgeschwindigkeit nach einem Kammerschuss durchschnittlich 10 Meter pro Sekunde beträgt. Meiner Erfahrung nach überschreitet Rotwild diese Geschwindigkeit allerdings nach einem Treffer manchmal nicht unerheblich. Da meine Erfahrung aber auf zu wenigen Daten gründet, lasse ich die 10 Meter pro Sekunde so stehen. Somit können wir sagen: Die Handlungsunfähigkeit des beschossenen Wildes sollte nach höchstens 50 Metern Flucht eingetreten sein. Dies ist alles zwar sehr theoretisch, trotzdem ist dieser Wert aber für eine Beurteilung oder einen Vergleich der Wirksamkeit von Geschoßen sehr brauchbar – und jagdlich auch realistisch. Ziel muss allerdings weiterhin das schlagartige Verenden des Wildes am Anschuss sein – innerhalb von 15 Metern.

„Ein sofortiges, rasches und sicheres Töten des Wildes ist die Zielvorgabe. Die Idealvorstellung: ein schlagartiges Verenden innerhalb von 15 Metern vom Anschuss."

Von der Bleikugel zum modernen Jagdgeschoß

Um 1500 wurden die ersten Läufe entwickelt, die mit Bleikugeln geladen und abgefeuert wurden. Anfangs waren es noch glatte Läufe. Die Präzision war schlecht, und die Bleikugeln wurden in erster Linie vom Militär eingesetzt. Für die Jagd forderte man schon damals bessere Präzision, um weiter schießen zu können als mit Schrot. Der in weiterer Folge erfundene gezogene Lauf lieferte tatsächlich bessere Präzision mit den Bleikugeln. In den nächsten Jahrzehnten bis Jahrhunderten wurden die Büchsensysteme weiterentwickelt, insbesondere die Anzündsysteme für das damals verwendete Schwarzpulver. Schwarzpulver konnte immer effizienter, sicherer und vor allem rascher gezündet werden, womit die Funktionssicherheit der Gewehre und die Schussentwicklungszeit rasant verbessert wurden. Schwarzpulver ist sehr feuerempfindlich. Schon ein Funken genügte, und die ganze Sache flog einem um die Ohren. Allerdings war und ist Schwarzpulver auch sehr feuchtigkeitsempfindlich. Wenn es ein wenig nass oder feucht wurde, konnte der Vorderlader nicht mehr gezündet bzw. abgeschossen werden. Damit hatte der Schütze nun eine geladene Büchse, die erst mühselig von vorn wieder entladen werden musste. Wenn bei dieser Operation ein Funke schlug, war derjenige, der die Operation durchführte, nicht zu beneiden.

Wie gesagt, hier handelte es sich immer noch um Blei-Kugeln. Aus der Zeit um 1828/30 ist dann das erste Langgeschoß bekannt. Anfänglich war dieses Langgeschoß aus Blei noch etwas unterkalibriert und mit Fettpapier umwickelt. Dieses Fettpapier wurde in einem speziellen Wickelsystem um den zylindrischen Teil des Geschoßes gefaltet. Dieses presste sich dann ins Laufprofil, womit das Geschoß in Rotation versetzt und stabilisiert werden konnte. Später bekam das Bleigeschoß Rillen, in die Fett eingepresst wurde. Dies minimierte den Bleiabrieb im Lauf und garantierte für längere Schuss-Serien eine genaue Führung des Geschoßes im Laufprofil. Etwa ab 1880 wurde ein neues Pulver gefunden – das Nitrozellulose-Pulver –, welches eine fast doppelte Geschwindigkeit des reinen Bleigeschoßes ermöglichte. Damit kam aber auch das Aus für die reinen Bleigeschoße, die sich in den flacheren Zugprofilen und veränderten Dralllängen der „neuen Laufprofile“ nicht mehr stabilisieren ließen.

Geschoß mit Fettpapierwicklung. Die mit Fettpapier umwickelten Bleigeschoße des 19. Jahrhunderts wurden vom speziellen Drallprofil in Rotation versetzt.

Diese „modernen“ Geschoße bekamen einen Flusseisenmantel und später einen Kupfer- oder Tombakmantel. Damit wurden Präzision und Einsatzentfernung wesentlich erhöht. Ein weiterer angenehmer Nebeneffekt war die wesentlich leichtere Reinigung der Büchse, die durch das Nitrozellulose-Pulver zustande kam. Schwarzpulver bindet Feuchtigkeit, was eine sehr gewissenhafte Reinigung der Büchse nach der Schussabgabe erforderte. Dies ist auch der Grund, warum nur wenig sehr gut erhaltene Büchsen aus der Schwarzpulverzeit erhalten sind.

Nun war es auch möglich, Geschoße auf bestimmte Verwendungszwecke hin zu konstruieren. Die vergleichsweise formstabilen Bleigeschoße von früher wichen nun Teilmantel- und Vollmantelgeschoßen.

Heute verwenden wir bei der Jagd nahezu ausschließlich Deformationsgeschoße, Teilzerlegungsgeschoße und Vollgeschoße, sogenannte „Solids“. Immer aufwändigere Geschoßkonstruktionen der bislang verwendeten bleihaltigen Büchsengeschoße stehen den „neuen“ bleifreien Geschoßen gegenüber. Ziel ist es, den komplexen Anforderungen – dem Spagat zwischen Tierschutz und Wildbret – gerecht zu werden. Für einzelne Sonder-Anwendungsbereiche wie der Gewinnung von Trophäen zu Präparationszwecken oder der Großwildjagd werden auch Vollmantelgeschoße eingesetzt.

Verschiedene Büchsengeschoße.

Vom bleihaltigen bis zum formstabilen Büchsengeschoß reicht die heute bei der Jagd verwendete Palette.

Die Anforderungen an ein modernes Jagdbüchsengeschoß sollte sein: sofortige tödliche Wirkung, sehr gute Augenblickswirkung, geringe Fluchtstrecken, gute Tiefenwirkung, hohes Restgewicht des Geschoßes und damit Ausschusssicherheit, wenig Splitterbildung, Richtungsstabilität beim Durchlauf durch den Wildkörper, flache Flugbahn und damit weitreichende Schussentfernung sowie letztlich wenig Wildbretzerstörung.

Sie sehen schon: Es gibt sehr viele Facetten, die bei der Wahl eines Geschoßes zu bedenken sind. Meist sind sehr viele der angeführten Faktoren erfüllbar, oft aber nicht alle. Um zu einer optimalen Wahl zu kommen, ist ein solides Wissen für den Jäger über das ins Auge gefasste Jagdbüchsengeschoß von grundlegender Bedeutung.

Innenballistik

Schussentwicklung

Aufbau einer Patrone

Zum Herstellen einer Büchsenpatrone benötigt man: eine Hülse (meist aus Messing, selten aus Stahl), ein Zündhütchen, Nitrozellulose-Pulver und ein Geschoß. Dies klingt einfach, ist es aber nicht. Die äußere Form der Hülse ist normiert und muss den Beschussdaten entsprechen. Optimal ist es, wenn man den Verschlussabstand – also den Abstand zwischen Patronenboden und Stoßboden der Büchse – sehr eng hält. Dies steigert die Präzision der Büchse.

Schnitt durch eine Patronenhülse. Hier sieht man den Aufbau einer Büchsenpatrone, von der Zündglocke über das Zündloch bis zum Verbrennungsraum.

Das Innenvolumen der Hülse eines Kalibers ist nicht genormt, sodass es dickwandige Hülsen mit etwas geringerem Volumen und – gegenteilig – dünnwandige Hülsen gibt. Diese Unterschiede hat der Wiederlader zu berücksichtigen, denn bei sehr lebhaften Pulversorten kann es zu großen Abweichungen von den Ladetabellen und damit zu nicht mehr kontrollierbaren Gasdrucksprüngen kommen. Ein schwerer Fehler vieler Wiederlader ist es, auf dem Schießplatz Hülsen verschiedener Erzeuger einzusammeln und alle mit ein und derselben Laborierung zu verladen. In diesem Fall ist einem Unfall durch Überdruck der Patrone Tür und Tor geöffnet. Fabrikgeladene Munition ist sowieso genau laboriert und sollte den vorgeschriebenen Gebrauchsgasdruck nach CIP-Norm – der Prüfnorm für Zivilwaffen und Munition – nicht überschreiten.

Gasdruckmessung.
Über die angebohrte Patrone wird durch den Druckprüfer elektronisch der Gasdruck bestimmt.

Die Zündung erfolgt über das Zündhütchen (heute fast ausschließlich Boxerzündung, früher auch Berdan-Zündung), welches in der Zündglocke der Patronenhülse sitzt. Über den Schlagbolzen (bei Repetierbüchsen) oder den Zündstift (bei Kipplaufbüchsen) wird die Zündmasse zwischen dem Amboss und dem Zündnäpfchen gequetscht und damit gezündet. Der Zündstrahl schlägt nun durch die Zündlochbohrung in den Brennraum der Hülse und zündet das Pulver, welches sich unmittelbar vom festen in den gasförmigen Zustand umsetzt. Damit baut sich in der Hülse Gasdruck auf, der das Geschoß zu beschleunigen beginnt. In diesem Stadium sprechen wir vom „maximalen Gebrauchsgasdruck", der – je nach modernem Kaliber – zwischen rund 3.400 und 4.400 bar liegt. Heute erfolgt die Druckprüfung mittels des direkt mit einem Computer verbundenen Piezoquarz-Messverfahrens. Früher erfolgte sie durch die Kupferstauchmethode, was etwas ungenauer war und vor allem den Druckverlauf nicht darstellen konnte. Bei der Piezoquarz-Methode kann der Druckverlauf in jedem Stadium bzw. in jeder Position des Geschoßes im Lauf nachvollzogen und aufgezeichnet werden.

Stabilisation von Geschoßen

Schussleistung

An welcher Stelle das Geschoß auf dem Wildkörper auftrifft, der Treffpunkt, ist ein wesentliches Kriterium für den Jäger. Sitzt der Schuss nicht in der tödlichen Zone, wird es auch für das wirksamste Geschoß schwierig, die erwartete Tötungswirkung zu bringen.

Dass eine bestimmte Zielzone auf dem Wildkörper punktgenau getroffen werden kann, dafür ist natürlich die Schussleistung der Büchse ausschlaggebend. Der Standard liegt hier bei einem etwa 4 Zentimeter großen Streukreis auf 100 Meter. Dies reicht, um einen guten jagdlichen Schuss bis zu 200 Meter verantworten zu können. Bei großen Schussentfernungen, die meiner Ansicht nach, will man weidgerecht jagen, bei allerhöchstens 300 Meter ausgereizt sind, darf die Büchse auf 100 Meter nicht mehr als 3 Zentimeter im Durchmesser streuen. Der Grund für die geringere Toleranz hinsichtlich der Streuung liegt in der längeren Einwirkzeit von Störfaktoren im Zuge der Außenballistik: Je länger das Geschoß fliegt, desto länger können die Störfaktoren einwirken. In letzter Zeit ist – gerade bei Neukonstruktionen – die Schussleistung wesentlich besser geworden, bedingt sowohl durch den Büchsenbau als auch durch die Munitionsfertigung. Mit „out of the box"-Büchsen samt Munition sind Streukreise von um die 2 Zentimeter auf 100 Meter nichts Ungewöhnliches mehr.

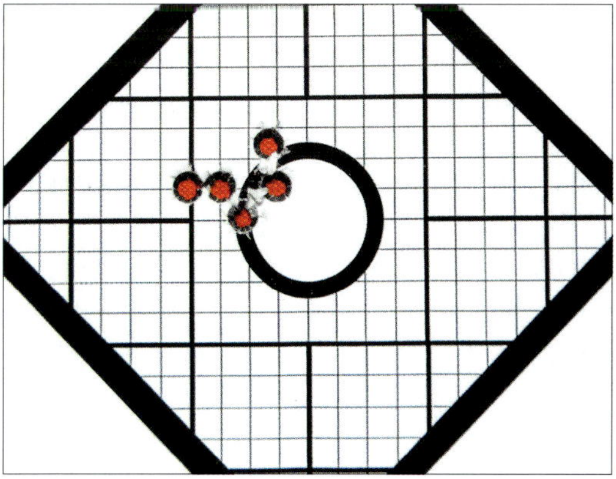

Wenig Streuung. Mit Munition „out of the box" sind solche Streukreise heutzutage nicht mehr unmöglich.

Stabilisation von Büchsengeschoßen

Geschoße müssen ab dem Mündungsabgang stabil im atmosphärischen Raum fliegen, um einerseits die notwendige Schussleistung zu bringen und anderseits exakt mit der Geschoßspitze auf dem Wildkörper aufzutreffen. Nur so ist die programmierte Geschoßwirkung im Wildkörper erfüllbar und vor allem wiederholbar. Zu diesem Zweck wird das Geschoß durch das Drallprofil im Lauf in eine Drehbewegung um die Längsachse versetzt und stabilisiert. Die Umdrehungsgeschwindigkeit ist abhängig von der Geschwindigkeit des Geschoßes und von der Dralllänge. Die Dralllänge ist die Länge, welche das Geschoß geradlinig zurücklegt, während es sich einmal um die eigene Achse dreht. Die Dralllänge wird auf das Kaliber bzw. auf das hauptsächlich verwendete Geschoßgewicht abgestimmt. Ziel ist es, von der Mündung bis zum Wildkörper ein stabil fliegendes Geschoß zu gewährleisten.

Grundsätzlich verhält sich das drallstabilisierte Geschoß wie ein Kreisel: Ist das Geschoß nicht ausreichend stabilisiert, so beginnt es zu kippen und überschlägt sich. Hauptsächlicher Grund dafür: eine Dralllänge, die nicht auf die Geschoßeigenschaften abgestimmt ist, etwa auf das Geschoßgewicht. Allerdings gibt es auch noch andere Ursachen, wie etwa zu große Toleranzen in den Abmessungen des Laufprofils oder unzureichend kalibrierte Geschoße.

Für die Einschätzung des Kugelfanges – ein Thema, das einen großen Teil dieses Buches einnehmen wird – sind die im Folgenden beschriebenen Parameter von entscheidender Bedeutung.

Die Rotationsgeschwindigkeit bzw. Umdrehungsgeschwindigkeit des Geschoßes liegt bei einer .30-06 Sprf. und einem 150 grain (9,7 Gramm) schweren Geschoß bei etwa 3.500 Umdrehungen pro Sekunde. Diese Umdrehungsgeschwindigkeit reduziert sich während der gesamten möglichen Flugbahn eines Geschoßes (5.000 Meter und darüber) nur unwesentlich. Das heißt, das Geschoß wird über den gesamten maximalen Schussbereich (Gefährdungsbereich) stabil fliegen und mit der Geschoßspitze voran auf dem Ziel auftreffen. Nur durch diese Stabilisation kommt auch der sehr große Gefährdungsbereich zustande. Für den Jäger heißt dies: Bei einem Schuss ohne Kugelfang – kein Kontakt mit einem Zielmedium –

kann ein Geschoß über mehrere Kilometer durch die Luft fliegen; drallstabilisiert und vor allem richtungsstabil, hat es eine für den Menschen absolut tödliche Wirkung bis zum Auftreffen auf dem Zielmedium!

Durch einen Stoß, etwa durch Kontakt des Geschoßes mit einem Hindernis, kann eine Destabilisation, also ein Taumeln des Geschoßes eingeleitet werden. In diesem Fall ist das Geschoß nicht mehr richtungsstabil und damit für den Jäger nur mehr bedingt einschätzbar. Jeder weitere Stoß kann nun zu einer eklatanten Richtungsänderung des Geschoßes führen. Damit ist es für den Jäger schließlich überhaupt nicht mehr einschätzbar.

Ist der Stoß nicht sehr stark oder bietet das Hindernis einen zu geringen Widerstand, kann es auch nur zu einer kurzfristigen Destabilisation des Geschoßes kommen. Der Kreiseleffekt des drallstabilisierten Geschoßes sorgt dann nach kurzer Wegstrecke für eine abermals stabile Flugphase.

Querschläger in der Anschussscheibe

Geschoße werden im Lauf nicht immer ausreichend stabilisiert. Jedes Kaliber hat eine Standarddralllänge, die für die Stabilisation einer bestimmten Bandbreite an Geschoßgewichten im jeweiligen

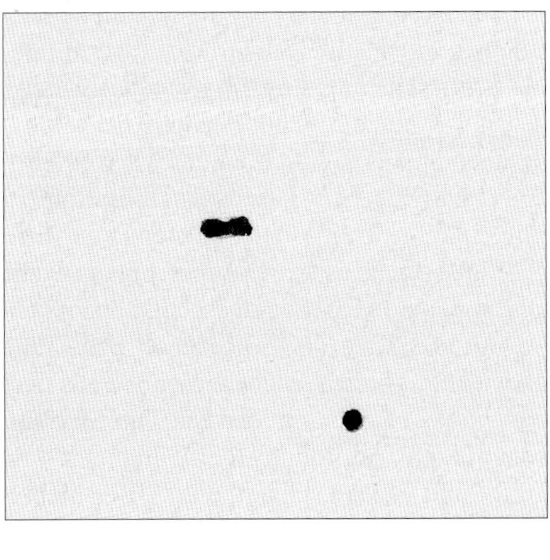

Querschläger.
Bei diesen Geschoßen im Kaliber 8 Millimeter erfolgte keine Geschoßstabilisation. Feuer am Dach!

tenlaufgeschoßen muss der Schwerpunkt des Geschoßes vor dem Angriffspunkt der Luftkraft liegen. Damit entsteht eine Stabilisation, und das Geschoß wird immer mit der Geschoßspitze voran am Ziel auftreffen. Dies wird erreicht, indem der Schwerpunkt zur Geschoßspitze hin verlagert wird oder die Auftriebskräfte am Heck vergrößert werden, etwa durch Flügel.

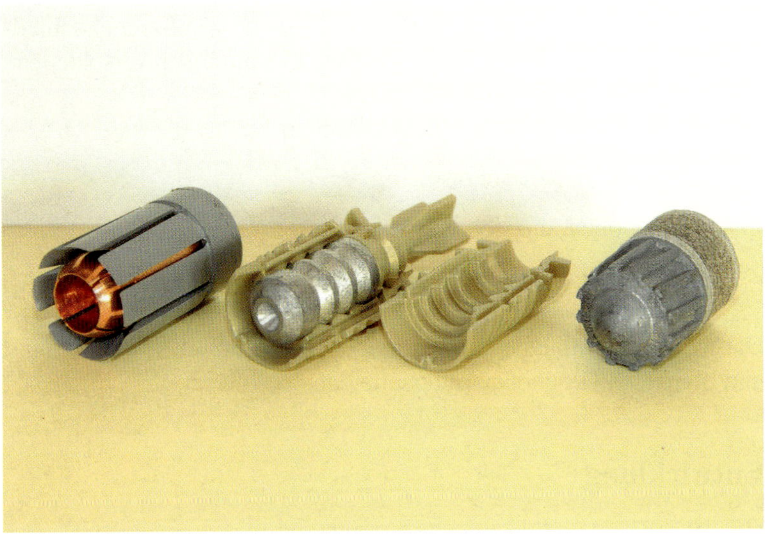

Flintenlaufgeschoße.
Die Auswahl reicht vom bleihaltigen bis zum bleifreien Treibspiegelgeschoß.

Zielballistik: Einteilung von Geschoßen

Bei einem Elefanten soll ein Geschoß möglichst tief eindringen; bei der Bergjagd soll das Geschoß möglichst aerodynamisch sein, um auf größere Entfernung noch eine hohe Geschwindigkeit zu haben. Keine Frage: Je nach Anforderung müssen Geschoße unterschiedlich gebaut sein, und je nach Bauweise kann man verschiedene Geschoße in Gruppen zusammenfassen.
Grundsätzlich unterscheidet man zwischen

- formstabilen Geschoßen,
- Geschoßen, die sich verformen und
- Geschoßen, die sich zerlegen bzw. teilweise zerlegen.

Darüber hinaus muss man heute auch noch zwischen bleihaltigen und bleifreien Geschoßen unterscheiden.

Entwicklung

Um 1893 wurden die ersten Geschoßkonstruktionen mit Deformationswirkung bekannt. Sie konnten mehr Energie im Wildkörper abgeben. Die Ballistiker hatten damals aber das Problem, dass wegen der Deformation und der sehr weichen Geschoße nicht genügend Tiefenwirkung im Wildkörper erreicht wurde. Meistens gab es keinen Ausschuss.

Auch heute sind wir mit Ähnlichem konfrontiert: Ein modernes Jagdgeschoß muss auf der ersten Wegstrecke im Wildkörper die notwendige Energie dosiert abgeben und trotzdem noch genügend Tiefenwirkung erzeugen, um tiefliegende Organe zuverlässig zu erreichen. Letztlich soll auch noch ein Ausschuss sichergestellt werden. Problematisch ist das Ganze insbesondere bei Universalgeschoßen, die bei der Jagd auf sehr unterschiedliches Wild treffen. Einerseits soll das Geschoß bei einem Reh gut wirken, aber nicht zu viel Wild-

bret entwerten, und anderseits soll ein Stück Rotwild am besten im Feuer bleiben. Es ist schwierig, ein Geschoß zu bauen, das diesen unterschiedlichen Ansprüchen gerecht wird.
Wir kennen bei den Jagdgeschoßen gegenwärtig folgende Konstruktionsgruppen:

- bleihaltige Deformationsgeschoße moderner Bauart (aufwändige Konstruktion mit Deformationsstopp, Zweikammersystem oder gebondete Geschoße usw.)
- bleihaltige Deformationsgeschoße einfacher Bauart (herkömmliche einfache Teilmantelgeschoße)
- bleifreie Deformationsgeschoße
- bleihaltige Teilzerlegungsgeschoße
- bleifreie Teilzerlegungsgeschoße
- bleifreie formstabile Geschoße
- Vollmantelgeschoße

Deformationsgeschoß – Aufbau und erwartete Wirkung

Die ersten drei Gruppen sind hinsichtlich ihrer Konstruktion zunächst einmal Deformationsgeschoße. Sie verändern im Zielmedium nur ihre Form, aber möglichst nicht ihre Masse. Das heißt, das Geschoß deformiert sich und bleibt in seiner Gesamtheit während des gesamten Geschoßdurchlaufes durch den Wildkörper erhalten. Zudem sollte es keine Splitter bilden, damit ein möglichst hohes Restgewicht erhalten bleibt. Dieser Umstand ist sehr günstig für das Wildbret, denn es bleiben keine Geschoßpartikel oder Splitter zurück.

Wenn ein Deformationsgeschoß auf den Wildkörper auftrifft, beginnt der Deformationsprozess mit einer mechanischen Verformung an der Geschoßspitze. Der Geschoßquerschnitt wird durch die Deformation größer. Dadurch entsteht eine pilzähnliche Geschoßform. Das Geschoß erfährt hier bereits seine maximale Belastung, da die Geschwindigkeit zu diesem Zeitpunkt am höchsten ist; sie fällt von nun an nur mehr ab. Ein paar Zentimeter nach dem Auftreffen des Geschoßes auf den Wildkörper ist die Deformation bereits abgeschlossen, und die Form des Geschoßes bleibt nun bis zum Ausschuss erhalten. Auch bei Kontakt mit Knochen sollte das Deformationsgeschoß nicht zu Splitterbildung neigen, was aber leider nicht immer der Fall ist. Um von einem Deformationsgeschoß sprechen zu können, darf das Geschoß nach Durchlauf durch den Körper nicht mehr als 10 Prozent seines ursprünglichen Gewichtes verloren haben.

Bleihaltige Deformationsgeschoße moderner Bauart

Bei diesen Büchsengeschoßen handelt es sich um sehr moderne und teils aufwändige Konstruktionen. Ihr Ziel ist ein verlässliches Ansprechen beim Auftreffen, eine dosierte Energieabgabe und ausreichende Tiefenwirkung mit möglichst hoher Ausschusswahrscheinlichkeit. Wie bei allen Deformationsgeschoßen, ist auch hier das Ziel, die Form zwar zu verändern, dabei allerdings möglichst wenig Masse zu verlieren. Bei der Deformation des Geschoßes am Wildkörper hat nur die Geschoßspitze Kontakt mit dem Zielmedium. Genau in dieser Phase ist es bei den Deformationsgeschoßen mit offenem Bleikern im Bereich der Geschoßspitze sehr schwierig, keinen Masseverlust zu erleiden oder zumindest innerhalb des zehnprozentigen Limits zu bleiben.

Um den hohen Geschoßgeschwindigkeiten standzuhalten und nur eine beschränkte Deformation zuzulassen, werden diese Geschoße in verschiedenen Bleihärtegraden gefertigt. Teilweise werden die Geschoße durch eine thermische Verlötung oder chemische Verklebung an den Geschoßmantel gebunden („Bonding“) und damit härter gemacht. Andererseits wird der Geschoßmantel stärker ausgeprägt und vor allem zum Geschoßboden hin sehr massiv gebaut. Bei dieser Konstruktion liegt das Ziel in der dosierten Energieabgabe und gleichzeitig im Erreichen von ausreichend Tiefenwirkung.
Bleihaltige Deformationsgeschoße moderner Bauart sprechen auch bei großer Schussentfernung grundsätzlich gut an und sind beim Geschoßdurchlauf durch den Wildkörper richtungsstabil. Für Magnumkaliber sind sie bei den bleihaltigen Geschoßen erste Wahl. Sie

Bleihaltiges Deformationsgeschoß moderner Bauart – nach Deformation.

Verschiedene Konstruktionen bringen die Deformation zum Stillstand. In diesem Fall ein Nosler Partition-Geschoß.

halten bei rasanten Geschoßgeschwindigkeiten den hohen Belastungen im Zuge der Deformation weitgehend stand. Bei sehr hohen Geschwindigkeiten und eher kurzen Schussentfernungen können selbst diese modernen Geschoße unter die 90-Prozent-Grenze des Geschoßrestgewichtes fallen.

Aufgrund ihrer geringen Splitterbildung sind sie auch erste Wahl für den Fangschuss bei Nachsuchen.

Nachstehend beispielhaft ein paar Vertreter bleihaltiger Deformationsgeschoße moderner Bauart:
Sako Hammerhead, Nosler Accubond, Nosler Partition, Winchester Power Max, Winchester XP3, Winchester Fail Safe, Norma Oryx, Lapua Forex, RWS Evolution, Brenneke TOG, Swift Scirocco, Swift A-Frame, Geco Plus, Federal Trophy Bonded Tip, Remington Core-Lokt Ultra Bonded, Blaser CDP.

Verschiedene bleihaltige Deformationsgeschoße moderner Bauart.
Von links: Norma Oryx, Nosler Accubond, Nosler Partition, Brenneke TOG.

Pluspunkte dieser Art von Geschoßen:

- gutes Ansprechen (Deformation) des Geschoßes auch bei größeren Schussdistanzen,
- gute Tiefenwirkung,
- hohe Ausschusssicherheit,
- meist wenig Wildbretzerstörung,
- geringe Splitterbildung,
- hohe Richtungsstabilität im Wildkörper,
- gute und weitgehend erprobte Tötungswirkung,
- sehr gut hinsichtlich Schusszeichen am Anschuss,
- tendenziell gute Eignung für rasante Magnumkaliber,
- gute Eignung für Fangschuss bei der Nachsuche.

Minuspunkte:

- Kontaminierung des Wildbrets mit Blei (tendenziell allerdings eher gering),
- Geschoßrestgewicht sollte nicht unter 90 Prozent fallen; bei sehr rasanten Magnumkalibern und kurzen Schussentfernungen ist der Gewichtsverlust manchmal höher, wodurch die Ausschusssicherheit sinkt.

Bleihaltige Deformationsgeschoße einfacher Bauart

Diese Deformationsgeschoße stellen den Übergang zu den Teilzerlegungsgeschoßen dar. Durch die einfache Bauart – Bleikern und Mantel – sind herkömmliche Teilmantelgeschoße sehr von der Auftreffgeschwindigkeit am Wildkörper abhängig. Sie verfügen von der Konstruktion her über keine zusätzlichen Deformationsstopps. Grundsätzlich sind sie als Deformationsgeschoße angelegt und sollten möglichst viel Restgewicht behalten. Doch die weichen Geschoße sind bei rasanten Kalibern bzw. bei hohen Geschoßgeschwindigkeiten hoffnungslos überfordert. Wird der Staudruck an

Bleihaltiges Deformationsgeschoß einfacher Bauart.

Für dieses einfache bleihaltige Deformationsgeschoß war die Auftreffgeschwindigkeit zu hoch. Ergebnis: geringes Restgewicht des Geschoßes, Tendenz zur Splitterbildung.

der Geschoßspitze zu hoch, löst sich das Geschoß von der Spitze her in Bleistaub oder Bleisplitter auf. Die Deformation kann so extrem sein, dass es zu einer vollständigen Zerlegung des Geschoßes kommt. Bei Knochentreffern kommt es häufig zu einer Trennung von Mantel und Bleikern. Manchmal bleiben nur noch Mantelfragmente erhalten. Damit ist die Tiefenwirkung beschränkt und ein Ausschuss oft nicht mehr gegeben. Ebenfalls verbunden damit sind eine massive Wildbretzerstörung und vor allem ein massiver Bleieintrag in das Muskelgewebe des Stückes. In moderaten, also langsameren Kalibern können diese Geschoße aber durchaus eine befriedigende Geschoßwirkung erzielen.

Nachstehend beispielhaft ein paar Vertreter bleihaltiger Deformationsgeschoße einfacher Bauart:
Geco TMRK, Norma Vulkan, RWS KS, Sellier & Bellot SP und SPCE, Hornady Interlock, Hornady V-Max, Remington Power-Lokt, Sierra Pro Hunter, Sierra Game King, Nosler Ballistic Tip.

Pluspunkte dieser Art von Geschoßen:

- sehr gutes Ansprechen bei moderater Geschwindigkeit,
- hohe Richtungsstabilität im Wildkörper,
- gute und weitgehend erprobte Tötungswirkung,

Verschiedene bleihaltige Deformationsgeschoße einfacher Bauart.

Von links: Sierra Pro Hunter, Hornady Interlock, Geco TMRK, Nosler Ballistic Tip.

Minuspunkte:

- bei rasanten Kalibern mangelnde Tiefenwirkung,
- selten Ausschuss (und wenn, dann mit geringer Ausschussgeschwindigkeit) und damit keine Anschusszeichen,
- bei größeren Wildbretgewichten keine nachhaltige Tötungswirkung,
- teilweise große Wildbretzerstörung,
- hoher Bleieintrag in das Wildbret.

Bleifreie Deformationsgeschoße

Das Geschoßmaterial der bleifreien Deformationsgeschoße besteht fast ausschließlich aus Kupfer, Tombak (95 Prozent Kupfer, 5 Prozent Zink) oder Messing. Damit sind diese Geschoße im Normalfall härter als ihre Verbündeten aus der „bleihaltigen Deformationsabteilung“. Ziel bei diesen Geschoßen ist, dass sie während des Geschoßdurchlaufes durch den Wildkörper keine Splitter oder Fahnenabrisse produzieren. Diese Geschoße sind um etwa 20 bis 35 Prozent leichter als die bleihaltigen Deformationsgeschoße.

Durch das geringere spezifische Gewicht von Kupfer (8,95 g/cm³) im Vergleich zu Blei (11,3 g/cm³) verliert das bleifreie Kupfergeschoß aufgrund der veränderten Querschnittsbelastung mehr an Geschwindigkeit in der Flugphase. Um dieselbe kinetische Energie ins Ziel, in den Wildkörper, zu bringen wie mit bleihaltigen

Geschoßen, muss entweder die Geschwindigkeit der Geschoße um 13 Prozent erhöht werden oder die Masse um 27 Prozent.

Die Hersteller von bleifreien Büchsengeschoßen bzw. bleifreier Büchsenmunition halten das Gewicht gering und erhöhen deshalb fast ausschließlich die Geschoßgeschwindigkeit.

Fast alle bleifreien Deformationsgeschoße sind an der Spitze mit einer Bohrung versehen, welche entweder offen bleibt (z.B. Barnes TSX) oder mit einem Kunststoffteil geschlossen wird (z.B. Barnes TTSX, Hornady GMX). Bei der offenen Geschoßspitze wird die Deformation durch das Füllen der Geschoßbohrung mit Wildkörpergewebe eingeleitet. Bei der geschlossenen Geschoßspitze funktioniert das eingesetzte Kunststoffteil als Starter der Deformation beim Auftreffen des Geschoßes auf den Wildkörper. Sofern dieser Einsatzteil aerodynamisch günstig ausgebildet ist, bekommt das Geschoß zusätzlich einen höheren BC-Wert, das heißt, es entsteht ein Vorteil in Bezug darauf, die Geschwindigkeit möglichst lange hochzuhalten.

Die Geschoße deformieren sich und vergrößern ihren Kaliberquerschnitt auf das 1,5- bis 2-Fache. Während des Geschoßdurchlaufs durch den Wildkörper sind sie richtungsstabil. Nach 2 bis 5 Zentimetern ab dem Eintauchen des Geschoßes in den Wildkörper ist die Deformation abgeschlossen.

Anders als die bleihaltigen Deformationsgeschoße deformieren sich diese Geschoße bei Entfernungen ab 200 Metern nicht immer ausreichend, insbesondere bei langsameren Kalibern. Sie eignen sich deshalb besonders für mittelschnelle Kaliber bis hin zu den Magnumkalibern.

Bleifreies Deformationsgeschoß.

Ein hohes Geschoßrestgewicht und kaum Splitterbildung – das sind die Merkmale bleifreier Deformationsgeschoße, auch bei hohen Geschoßgeschwindigkeiten.

Nachstehend beispielhaft ein paar Vertreter bleifreier Deformationsgeschoße:
Barnes TSX und TTSX, Hornady GMX, Federal Trophy Copper, Remington Copper Solid, Winchester Power Core 95-5, Nosler E-Tip, Styria Arms Aero SB, Sellier & Bellot XRG, Sauvestre FIP, Reichenberger Uni HDB, RWS HIT.

Pluspunkte dieser Art von Geschoßen:

- rasches Ansprechen (Deformation) des Geschoßes, insbesondere bis 200 Meter,
- gute Tiefenwirkung,
- hohe Ausschusssicherheit,
- wenig Wildbretzerstörung,
- keine Verunreinigung durch Geschoßteile oder Splitter,
- hohe Richtungsstabilität im Wildkörper,
- sehr gut geeignet für mittelrasante und für Magnumkaliber.

Minuspunkte:

- etwas geringere Tötungswirkung gegenüber Teilzerlegungsgeschoßen,
- hohe Geschwindigkeit für die Deformation notwendig,
- manchmal wenig Schusszeichen am Anschuss.

Verschiedene bleifreie Deformationsgeschoße.
Von links: Barnes TTSX, Nosler e-Tip, noch einmal Nosler e-Tip, Lapua Naturalis.

Teilzerlegungsgeschoß – Aufbau und erwartete Wirkung

Teilzerlegungsgeschoße verändern im Zielmedium ihre Form und Masse. Die Konstruktion dieses Geschoßes ist dahingehend ausgelegt, dass es einen bestimmten Teil seiner Masse durch Splitterbildung abgibt. Schon unmittelbar nach dem Auftreffen auf den Wildkörper wird das Geschoß deformiert und bildet – je nach Geschoßaufbau unterschiedliche – Splitter. Auf jeden Fall werden größere oder kleinere Splitter oder Mantelteile vom Primärgeschoßkörper abgetrennt. Je nach Größe der Splitter können diese genauso wie das Primärgeschoß den Wildkörper durchschlagen und – auch noch auf nicht unerhebliche Entfernung – einen Menschen töten! Der Geschoßrest soll die Tiefenwirkung sicherstellen, die tiefliegenden Organe erreichen und außerdem einen sicheren Ausschuss mit genügend Schusszeichen am Anschuss erzeugen.

Bleihaltige Teilzerlegungsgeschoße

Die Konstruktion der bleihaltigen Teilzerlegungsgeschoße zielt auf hohe, aber doch dosierte Energieabgabe ab. Mit Einschlag auf dem Wildkörper wird die Geschoßspitze deformiert, und ein Teil des Geschoßes spaltet sich in kleinere oder größere Splitter auf. Meistens sind die Geschoße an der Spitze mit offenem Mantel konstruiert oder mit Sollbruchstellen versehen, damit das Geschoß Splitter erzeugen kann. Zudem besitzen diese Geschoße einen Deformationsstopp, der verschiedenartig ausgeprägt sein kann und der die Beendigung der Splitterbildung einleitet. Dieser Deformationsstopp wird durch die Einarbeitung von Querstegen, Näpfchen oder Ähnlichem erreicht.

> *„Teilzerlegungsgeschoße bilden – je nach Geschoßaufbau – unterschiedliche Splitter aus, die äußerst gefährlich sein können."*

Durch diesen Deformationsstopp wird der verbliebene Rest des Geschoßkörpers für die Erreichung der notwendigen Tiefenwirkung genutzt. Ein Ausschuss ist bei diesen Konstruktionen sehr wahrscheinlich, obwohl nur etwa 40 bis 60 Prozent des ursprünglichen Geschoßgewichtes erhalten bleiben. Bei sehr hohen Geschoßgeschwindigkeiten kommt es zu erhöhter Energieabgabe durch die größere Splitterbildung. In diesem Fall reduziert sich allerdings auch die Tiefenwirkung.

Legendäre Konstruktionen haben ihre Effektivität in der jagdlichen Tötungswirkung in der Vergangenheit millionenfach unter Beweis gestellt. Nachteile der Teilzerlegungsgeschoße sind der Bleieintrag in den Wildkörper und die Splitter, die – wie bei den bleifreien Teilzerlegungsgeschoßen – auch den gesamten Wildkörper durchschlagen und danach noch gefährlich sein können.
Nachstehend beispielhaft ein paar Vertreter von bleihaltigen Teilzerlegungsgeschoßen:
RWS UNI Classic, RWS ID Classic, RWS DK, RWS HM, Brenneke TIG und TUG.

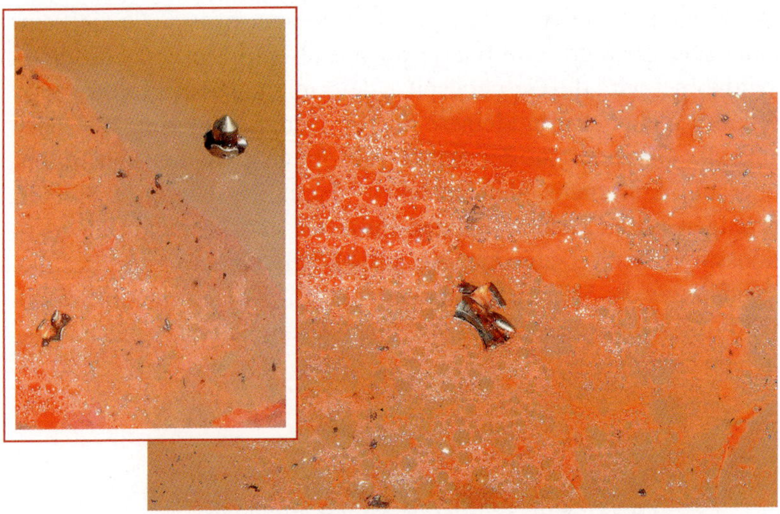

Beschuss eines Glyzerinseifenblockes mit einem bleihaltigen Teilzerlegungsgeschoß.

Nach dem Beschuss des Seifenblockes mit dem bleihaltigen Teilzerlegungsgeschoß (RWS TIG 9,7 g, Kaliber .30-06) sieht man unzählige Bleisplitter.

Kaliber ausgelegt ist. Passt die Dralllänge nicht zum verwendeten Geschoß, wird die Büchse keine ausreichende Schussleistung liefern. Werden in der Anschussscheibe keine kreisrunden Einschüsse vorgefunden, sondern Einschüsse mit ovaler Form oder sogar Langlöcher, dann ist Feuer am Dach! Die Geschoße kommen hier nicht mehr ausreichend drallstabilisiert mit der Geschoßspitze im Ziel an.

Ein Wechsel auf ein anderes Geschoßgewicht wird möglicherweise das Problem lösen. Hilft dies nicht, muss der Lauf getauscht werden.

Beim Umstieg auf bleifreie Geschoße kann sich das soeben angesprochene Problem häufiger zeigen, weil bei bleifreier Munition leichtere Geschoße verwendet werden als bei der bleihaltigen.

Stabilisation von Flintenlaufgeschoßen

Flintenlaufgeschoße konservativer Bauart bestehen hauptsächlich aus Blei. Heute sind aber auch schon bleifreie, härtere Flintenlaufgeschoße auf dem Markt, etwa aus Kupferlegierungen.

Grundsätzlich kann man ein Flintenlaufgeschoß auf zwei Arten in der Flugphase stabilisieren. Zum einen, bei uns wenig bekannt, kann die Flinte mit einem Drallprofil ausgestattet sein und dem Geschoß eine Rotation verleihen, wodurch es – ähnlich dem Büchsengeschoß – drallstabilisiert verschossen wird. Genau genommen handelt es sich in diesem Fall nicht um eine Flinte, sondern um eine Büchse, welche die Kalibernorm einer Flinte aufweist. Hierbei kann die Schussleistung so weit gesteigert werden, dass das Flintenlaufgeschoß – von der Schussleistung her – bis zu 100 Meter und sogar darüber hinaus jagdlich eingesetzt werden könnte. Die zweite Art einer ballistischen Geschoßstabilisation stellen heckstabilisierte Flintenlaufgeschoße dar. Meistens sind bei uns diese Flintenlaufgeschoße im Einsatz. Darüber hinaus werden auch Treibspiegelgeschoße und Heckflügelgeschoße angeboten.

Grundsätzlich als Notgeschoß bzw. Einzelgeschoß für Flinten entwickelt, können solche Geschoße aus normalen Flinten mit glattem Lauf verschossen werden. Die Stabilisation erfolgt durch die konstruktive Anordnung der Parameter „Angriffspunkt der Luftkraft“ und „Masseschwerpunkt“. Bei nicht drallstabilisierten Flin-

Verschiedene bleihaltige Teilzerlegungsgeschoße. Von links: RWS H-Mantel alt, RWS H-Mantel letzte Generation, RWS Doppelkern-geschoß.

Pluspunkte dieser Art von Geschoßen:

- gutes Ansprechen (Deformation) des Geschoßes,
- gute Tötungswirkung,
- gute Tiefenwirkung,
- relativ hohe Ausschusssicherheit,
- gute Anschusszeichen,
- hohe Richtungsstabilität im Wildkörper.

Minuspunkte:

- Splitterbildung,
- manchmal größere Wildbretzerstörung bei hohen Geschoßgeschwindigkeiten,
- Bleieintrag in den Wildkörper.

Bleifreie Teilzerlegungsgeschoße

Bleifreie Teilzerlegungsgeschoße bestehen grundsätzlich aus demselben Material wie bleifreie Deformationsgeschoße. Die Herstellung erfolgt meist auf Hochpräzisionsdrehbänken, das heißt, sie werden aus dem Vollen gedreht. Aber auch Teilmantelgeschoße in herkömmlicher, teils sehr aufwändiger Verarbeitungstechnik sind am Markt (Brenneke TIG und TUG Nature, RWS EVO Green). Hier wurden die Bleikerne durch Zinnkerne ersetzt und sollen wie die herkömmlichen Laborierungen, nur eben bleifrei, funktionieren. Auch die Problematik der Außenballistik – größerer Verlust der Geschwindigkeit als bei bleihaltigen Geschoßen – ist dieselbe wie bei den bleifreien Deformationsgeschoßen.

Bei den bleifreien Teilzerlegungsgeschoßen finden wir hauptsächlich Hohlspitz-Konstruktionen mit geschlossener oder offener Geschoßspitze. Wie bei den Deformationsgeschoßen wird die Deformation beim Auftreffen am Wildkörper durch das Füllen von Wildbretgewebe oder durch den Starter eingeleitet, der meist als Kunststoff in der Geschoßspitze eingearbeitet ist. Durch den hohen Widerstand beim Auftreffen auf den Wildkörper wird der vordere Bereich des Geschoßes zum Zersplittern gebracht. Die Tendenz bei bleifreien Büchsengeschoßen geht in Richtung „wenige, aber formgrößere Splitter", ausgenommen die Teilzerlegungsgeschoße mit Zinnkern. Damit wird die Energieabgabe eindeutig gesteigert. Große Splitter sind aber auch eher in der Lage, den Wildkörper zu durchschlagen. Der Geschoßrestkörper wird nach der Splitterbildung erfahrungsgemäß nur mehr wenig gestaucht und erzeugt den Ausschuss. Der Geschoßrestkörper verhält sich im Wildkörper richtungsstabil, was wiederum für die Einschätzung des Kugelfanges wichtig und günstig ist.

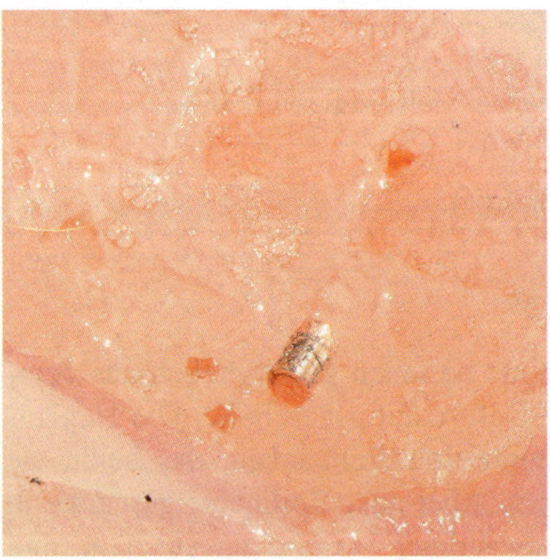

Beschuss eines Glyzerinseifenblockes mit einem bleifreien Teilzerlegungsgeschoß.

Nach dem Beschuss des Seifenblockes mit dem bleifreien Teilzerlegungsgeschoß (SAX KJG-SR Geschoß, Kaliber .30-06) sieht man wenige, allerdings große separierte Splitter.

Verschiedene bleifreie Teilzerlegungsgeschoße.
Von links: RWS EVO Green, SAX KJG (SR), Brenneke TUG Nature

Nachstehend beispielhaft ein paar Vertreter von bleifreien Teilzerlegungsgeschoßen:
Brenneke TAG, Brenneke TIG Nature, Brenneke TUG Nature, Lutz Möller MJG, Norma Kalahari, RWS EVO Green, Sax KJG (SR), Jaguar Classic.

Pluspunkte dieser Art von Geschoßen:

- gutes Ansprechen (Deformation) des Geschoßes,
- gute Tötungswirkung, tendenziell auch auf größere Distanzen,
- gute Tiefenwirkung,
- hohe Ausschusssicherheit,
- wenig Wildbretzerstörung,
- hohe Richtungsstabilität im Wildkörper.

Minuspunkte:

- Splitterbildung,
- teilweise hoher Splittereintrag ins Wildbret, wenngleich die Splitter lebensmittelunbedenklich sind,
- manchmal wenig Anschusszeichen.

Formstabile Geschoße („Solids“)

Die Überlegung, ein formstabiles Geschoß explizit für den Jagdeinsatz zu entwickeln, ist an sich sehr gut: Keine Verformung, keine Splitterbildung und damit keine Verunreinigung des Wildbrets sind dabei die positiven Parameter. Theorie und die Praxis klaffen aber manchmal leider nicht unwesentlich auseinander.

Ein formstabiles Geschoß ändert im Zuge der zielballistischen Arbeit – also nach dem Auftreffen – weder Form noch Masse. Daher muss diese Geschoßkonstruktion die zielballistische Arbeit aus der Geschoßform heraus verrichten. Formstabile Geschoße, die ausschließlich aus bleifreiem Material sind, werden aus einem einzigen Material gefertigt und werden auch als „Vollgeschoße“ bezeichnet. Meist ist dieses Material Messing. Genaugenommen enthält zwar Messing auch Blei, aber in so geringen Mengen, dass man von „bleifreien“ Geschoßen sprechen kann. Tiefenwirkung ist eines der Markenzeichen der Solids, sofern sie richtungsstabil sind.

Es haben sich zwei jagdliche Einsatzgebiete für Solidgeschoße herauskristallisiert: zum einen für die Jagd auf normales Schalenwild – als Ersatz für die üblichen Jagdgeschoße; zum andern für die Großwildjagd, wo sie zunehmend die herkömmlichen Vollmantelgeschoße verdrängen.

Für die erste Gruppe mit Einsatzgebiet „Schalenwild allgemein“ werden die Geschoße mit einem Scharfrand ausgebildet, dem eine besondere Stoß- oder Schockwirkung und damit – so der Erzeuger – auch eine hohe Tötungswirkung nachgesagt wird. Ein Blick auf die Hochgeschwindigkeitsaufnahmen zeigt aber, dass nur die Geschoßspitze selbst mit dem Zielmedium in Kontakt ist. Daher ist die Theorie der Hersteller meiner Meinung nach etwas gewagt. Beim Auftreffen auf den Wildkörper gibt es keine Deformation des Geschoßes. Das Geschoß durchschlägt den Wildkörper also ohne Deformation. Ein weiterer Punkt ist die manchmal auftretende Instabilität des Geschoßes im Wildkörper. Je nach Geschoßform ist die Richtungsstabilität bei formstabilen Geschoßen unzuverlässig (insbesondere bei lang ausgezogenen Geschoßspitzen). Bei von mir durchgeführten Testbeschüssen auf Glyzerinseife waren Geschoßaustritte mit dem Impala LS nach bereits 30 Zentimetern seitlich aus dem Seifenblock feststellbar. Daher muss in sicherheitstechnischer Perspektive die jeweils verwendete Geschoßkonstruktion mit Vorsicht betrachtet werden. Richtungsinstabile Solids eignen sich für Riegeljagden weniger, insbesondere dann, wenn sie eine lang ausgezogene Geschoßspitze haben. Dadurch wird nämlich die Beurteilung des Kugelfanges wesentlich erschwert.

Das zweite Einsatzgebiet der Solids ist wie gesagt die Großwildjagd. Im dichten Medium Wildkörper müssen sie richtungsstabil sein, um die wichtigen tiefliegenden Organe zu erreichen. Diese sind durch große Muskelpakete gut geschützt. Daher muss die Geschoßspitze möglichst stumpf sein, weshalb Solids für die Großwildjagd eine Rundkopf-Geschoßform haben, die manchmal zusätzlich noch abgeflacht oder besonders geformt ist.

Nachstehend beispielhaft ein paar Vertreter von formstabilen Geschoßen für Schalenwild allgemein:
Impala KS, Impala LS, Impala RS, Wi-La-Tech TSG.

Pluspunkte dieser Art von Geschoßen:

- keine Splitterabgabe,
- keine Verunreinigung des Wildbrets durch Geschoßreste,
  teilweise gute Anschusszeichen,
- vorwiegend wenig Wildbretzerstörung,
- 100 Prozent Geschoßrestgewicht,
- gute Tiefenwirkung.

Minuspunkte:

- unterschiedliche Tötungswirkung,
- manchmal große Fluchtstrecken,
- teilweise unzuverlässige Richtungsstabilität,
- je nach Geschoßtyp für Riegeljagden nicht tauglich,
- hohe Hinterlandgefährdung durch 100 Prozent Geschoßrestgewicht, wenn das Geschoß nicht richtungsstabil ist.

Ein Beispiel für ein formstabiles Geschoß: Impala LS.

Nachstehend beispielhaft ein paar Vertreter formstabiler Geschoße für Großwild:
Barnes Banded Solids, Woodleigh Hydrostatically Stabilised, Nosler Solid.

Pluspunkte dieser Art von Geschoßen:

- keine Splitterabgabe,
- große Tiefenwirkung,
- richtungsstabil im dichten Medium Wildkörper,
- teilweise gute Anschusszeichen,
- 100 Prozent Geschoßrestgewicht.

Minuspunkte:

- große Hinterlandgefährdung durch 100 Prozent Geschoßrestgewicht beim Schuss auf schwächeres Wild.

Vollmantelgeschoß

Vollmantelgeschoße werden jagdlich kaum verwendet. Trotzdem finden sie bei der Großwildjagd oder bei der Jagd auf Federwild oder Haarraubwild bis heute ihren jagdlichen Einsatz. Die Wirksamkeit eines Vollmantelgeschoßes ist bei den angeführten jagdlichen Anwendungen völlig konträr. Während bei der Großwildjagd Tiefenwirkung gefragt ist, benötigt der Präparator einen möglichst unversehrten Wildkörper. Beides kann ein Vollmantelgeschoß unter bestimmten Voraussetzungen auch leisten. Trotzdem: Die Tötungswirkung eines Vollmantelgeschoßes ist für unser Schalenwild im Allgemeinen nach unseren jagdlichen bzw. tierschutzrechtlichen Prämissen nicht ausreichend.

Formstabilität

Vollmantelgeschoße sind derart konstruiert, dass sie während des Geschoßdurchlaufes durch einen Wildkörper ihre Form und Masse wenn möglich nicht verändern. So kann man sagen, dass ein Vollmantelgeschoß an sich formstabil konstruiert ist und trotzdem aus zwei Materialien besteht, dem Kern und dem Mantel.

Arbeit des Geschoßes im Wildkörper

Zunächst trifft das Geschoß auf den Wildkörper auf, dringt ein und erzeugt einen geradlinigen Wundkanal, der in der Fachsprache „narrow channel" genannt wird. In diesem etwa 1,5-fachen Durchmesser des Kalibers messenden Schusskanal wird kaum Energie an den Wildkörper abgegeben.

Der nächste Abschnitt ist die Bildung einer temporären Wundhöhle, die eine wesentlich größere Ausdehnung aufweist als der geradlinige Einschusskanal. Der Grund ist die Instabilität des Geschoßes, welche nun durch den Staudruck des Gewebes an der Geschoßspitze eintritt. Dadurch wird – entgegen der Drallstabilisierung – ein Kippmoment bewirkt, welches für das Drehen des Geschoßes verantwortlich ist. Bei genügend langem Wundkanal (also mehr als der „narrow channel") vollzieht das Vollmantelgeschoß eine Drehbewegung. Somit wird es nicht mehr richtungsstabil durch den Wildkörper geleitet. Es kommt zum Querstellen des Geschoßes, zu einer sehr massiven Verzögerung und damit auch zu einer massiven Verdrängung des Gewebes. Das Ergebnis ist zwangsläufig eine erhöhte Energieabgabe in diesem Bereich.

Das Geschoß verlässt in Querlage – manchmal auch heckvoran – den Wildkörper oder bleibt in diesem stecken. Wenn bei Vollmantelgeschoßen auf Kleinwild die Querlage des Geschoßes mit dem Ausschuss zusammenfällt, kann dies zu sehr großen Ausschüssen führen. Daher darf sich der Jäger nicht wundern, wenn bei einem mit einem kleinen Kaliber geschossenen Fuchs bei Verwendung eines Vollmantelgeschoßes der Balg dennoch verworfen werden muss.

Aufgrund der Destabilisation im Wildkörper sind Vollmantelgeschoße mit ogivaler oder lang ausgezogener Geschoßspitze nicht richtungsstabil.

Bei Großtieren erreicht man eine starke Tiefenwirkung analog den Solids, sofern die Geschoße im dichten Medium richtungsstabil sind. Dies wird wiederum mit einer stumpfen Geschoßkopfform erreicht. Dabei ist der Kopf des Geschoßes zumeist abgeflacht oder mit flachem Rundkopf ausgebildet. Das Thema der großen Hinterlandgefährdung durch das hohe Geschoßrestgewicht bleibt analog den Solidgeschoßen bestehen.

Auf die Einschätzung von Vollmantelgeschoßen mit Ogivalform oder lang ausgezogener Geschoßspitze wird aufgrund der jagdlichen Nichteignung verzichtet.

Nachstehend beispielhaft ein paar Vertreter von Vollmantelgeschoßen für Großwild:
Woodleigh VM, Hornady DGS, usw.

Vollmantelgeschoße für die Großwildjagd.

Links zu sehen ein Vollmantel-Rundkopfgeschoß, rechts ein Vollmantelgeschoß mit abgeflachter Geschoßspitze.

Pluspunkte dieser Art von Geschoßen:

- große Tiefenwirkung,
- weitgehend richtungsstabil im Wildkörper,
- 100 Prozent Geschoßrestgewicht auch bei Knochentreffern.

Minuspunkte:

- große Hinterlandgefährdung durch 100 Prozent Geschoßrestgewicht beim Schuss auf schwächeres Wild.

Flintenlaufgeschoß

Flintenlaufgeschoße sind ursprünglich als reine Notgeschoße für die Flinte gebaut worden. Da es sich um ein jagdlich relevantes Einzelgeschoß handelt, möchte ich es auch bei den Büchsengeschoßen listen. Mittlerweile sind sehr aufwändige und vielseitige Konstruktionen am Markt, und es ist ein richtiger Entwicklungsschub zu registrieren. Offensichtlich gibt es viele Länder, wo nur mit Flinte gejagt werden darf. In diesen Ländern ist daher das Flintenlaufgeschoß ein wichtiges Jagdgeschoß. In unserem Raum spielt es eine untergeordnete Rolle, wobei es aufgrund der Schwarzwildproblematik in letzter Zeit wieder mehr zum Einsatz kommt.

Auch bei den Flintenlaufgeschoßen hat die Entwicklung hin zu bleifrei nicht Halt gemacht. Daher finden sich am Markt sowohl klassische bleihaltige, klassische bleifreie sowie bleihaltige und bleifreie unterkalibrierte bzw. Treibspiegel-Flintenlaufgeschoße.

Flintenlaufgeschoße sind grundsätzlich masse- und vorwiegend formstabil. Aufgrund ihrer gegenüber den Büchsengeschoßen langsameren Geschwindigkeit und ihrem großen Kaliberdurchmesser sind sie sehr anfällig für Abpraller. Weicher gewachsener Boden ohne Hindernisse ist das einzige Medium, in das ein Flintenlaufgeschoß eindringen und es gefahrlos stoppen kann.

Hierzulande kommen fast ausschließlich Flintenlaufgeschoße mit Heckstabilisation (Pfeilstabilisierung) zum Einsatz. Drallstabilisierte Flintenlaufgeschoße sind bei uns eher wenig im Jagdeinsatz, wobei diese Geschoße ein ähnliches zielballistisches Verhalten haben. Auch Treibspiegelgeschoßkonstruktionen findet man am Markt, welche aufgrund des kleineren Kaliberquerschnittes eine größere Energieabgabe im Wildkörper erwarten lassen. Die unterkalibrierten Geschoße weisen dabei eine größere Tiefenwirkung auf. Da es Flintenlaufgeschoße gibt, die nur aus gezogenen Läufen verschossen werden dürfen, und andere nur aus Zylinderflintenläufen – also ohne Choke –, und wieder andere aus Flintenläufen mit Choke, gleich welcher Verengung, ist es für den Jäger schwer, das richtige Flintenlaufgeschoß zu finden. Daher: Flintenlaufgeschoß ist nicht gleich Flintenlaufgeschoß, und ein solches einfach bei der nächsten Jagd auszuborgen, kann sicherheitstechnisch nicht nur ganz schön ins Auge gehen, sondern wirklich fatale Folgen haben.

Im dichten Medium verhält sich das klassische kalibergroße, vorwiegend stumpfe Flintenlaufgeschoß richtungsstabil. Eine temporäre Wundhöhle wird nicht ausgeprägt (außer bei wenigen Treibspiegelkonstruktionen), und es kommt zu einem Schusskanal, der mit zunehmender Tiefenwirkung konisch abnimmt. Die Einsatzentfernung eines Flintenlaufgeschoßes liegt bei der klassischen Version bei guter Präzision bei maximal 50 Metern, ansonsten bei 35 Metern. Bei speziellen Konstruktionen (drallstabilisiert oder Treibspiegel) und Magnumkalibern kann die Einsatzentfernung bis zu 100 Meter oder sogar darüber betragen.

Bei der Nachsuche auf wehrhaftes Wild (Bär, Leopard, usw.) sind sie weltweit beliebt. Die Stoppwirkung auf kurze Entfernung ist groß, und aus einer Vorderschaftrepetierflinte oder einer halbautomatischen Schrotflinte (hohe Nachladegeschwindigkeit!) haben sie auch durchaus ihre Vorteile. Allerdings ist die Tendenz zum Abprallen größer als bei Büchsen, was hinsichtlich des Kugelfanges später von Relevanz sein wird.

Nachstehend beispielhaft ein paar Vertreter von Flintenlaufgeschoßen:
Rottweil Brenneke Classic, Rottweil Exact, Brenneke Classic, Brenneke Rubin Sabot Nature (Bleifreies FLG), Brenneke Rubin Sabot (Treibspiegelgeschoß), Sauvestre balle fleche (Treibspiegelgeschoß), Winchester Foster, Federal Barnes Expander Sabot, und viele andere mehr.

Pluspunkte dieser Art von Geschoßen:

- hohe Energieabgabe im Wildkörper,
- splitterfreie Geschoße,
- bei Nachsuchen auf starkes oder wehrhaftes Wild auf Kurzdistanzen sehr beliebt.

Minuspunkte:

- hohe Tendenz zu Abprallern,
- kurze Einsatzdistanz,
- schlechtere Schussleistung wie Büchsengeschoße,
- vielfach geringe Tiefenwirkung bei hohen Wildbretgewichten,
- für Riegeljagden nicht zu empfehlen.

„Ein Flintenlaufgeschoß einfach auf der Jagd auszuborgen, kann sicherheitstechnisch nicht nur ganz schön ins Auge gehen, sondern wirklich fatale Folgen haben!"

Tötungswirkung von Jagdgeschoßen

Die Suche nach messbaren Parametern, die für die Tötungswirkung von Büchsengeschoßen verantwortlich sind, ist so alt wie die Büchsengeschoße selbst. Man kann sagen, dass wir bis dato keine einheitlichen Parameter gefunden haben, die die Tötungswirkung eines Büchsengeschoßes definieren und beurteilen. Eine kürzlich veröffentlichte Studie über Tötungswirkung von Büchsengeschoßen (Studie Eberswalde, Gremse & Rieger 2012) ergibt aber Anhaltspunkte für den Vergleich von Büchsengeschoßen.

Wie schon im Abschnitt über Tierschutz angesprochen, muss das Geschoß zum Zeitpunkt des Aufschlages ausreichend Tötungswirkung besitzen. „Ausreichend" heißt: sofort, oder zumindest rasch und verlässlich.

Ich bringe einen Vergleich mit Subsonic-Munition (Unterschall-Büchsenmunition), welche im Bereich der behördlichen Einsatzpräzisionsschützen Verwendung findet. Diese Laborierung wird bei Büchsenkalibern meistens in der .308 Win. hergestellt. Verwendet werden Hohlspitz- oder Vollmantelgeschoße, deren Gewicht im angeführten Kaliber zwischen 8 und 12 Gramm beträgt. Eine Deformation entsteht aufgrund der langsamen Geschwindigkeit bei diesen Geschoßen nicht. Die geringe Anfangsgeschwindigkeit ist hier der Vorteil, den der „Sniper" für einen kaum hörbaren Angriff nutzt, da die Munition mittels Schalldämpfer abgefeuert wird. Die Anfangsgeschwindigkeit muss deshalb unter der Schallgeschwindigkeit, also unter 330 bis 340 Meter pro Sekunde liegen (abhängig von atmosphärischen Gegebenheiten, wie Luftfeuchtigkeit, usw.), damit der Überschallknall vermieden wird. Besitzt nun ein Geschoß mit solcher Laborierung eine Tötungswirkung, um etwa Rotwild mit einem Kammerschuss verenden zu lassen?

Natürlich hat ein solches Geschoß genügend Tiefenwirkung und Energieabgabe, um ein Stück Rotwild zu töten. Unverständlicherweise kann es sogar manchmal zu sehr geringen Fluchtstrecken kommen. Wenn das der Fall ist, dann wird meist ein großes Blutgefäß getroffen, wodurch der Blutdruck schlagartig abfällt. Eine solche Laborierung besitzt aber keine ausreichende Tötungswirkung im Sinne unserer Prämisse bezüglich der Jagd und des Tierschutzes, um Schalenwild immer zuverlässig sofort oder zumindest rasch zu töten. Die Zielzonen, welche Einsatzschützen mit Unterschallmunition treffen müssen, beziehen sich auf Körperteile, welche das zentrale Nervensystem beinhalten.

Um das Problem der verlässlichen Tötungswirkung zu illustrieren, möchte ich einen Vorfall schildern, den mein Sohn auf der Jagd erlebt hat. Er führte damals eine Büchse im Kaliber .308 Win. mit einem bleihaltigen Teilmantelgeschoß einfacher Bauart mit 11,7 Gramm Geschoßgewicht und einer V_0 von 780 Metern pro Sekunde. Im Zuge einer Einladung auf einen Rehbock hatte der Jagdpächter auch einen Rothirsch der Klasse III freigegeben. Ich selbst habe mit dieser Büchse und dieser Laborierung schon unzählige Stück Rotwild erlegt. Die Wildbretgewichte lagen im Bereich von 35 bis 100 Kilogramm aufgebrochen. Die Schussentfernungen betrugen maximal 150 Meter. An sich war die Tötungswirkung dieser Laborierung auf dieses Wild zufriedenstellend. Viele Stücke blieben im Feuer, und wenn das Wild flüchtete, dann betrugen die Fluchtstrecken maximal 50 Meter. Es wurden nur Kammerschüsse für die Bewertung herangezogen. Mein Sohn also gab an jenem Morgen auf 60 Meter einen sauberen Kammerschuss, etwas schräg aufs Schulterblatt, auf einen passenden Rothirsch vom dritten Kopf ab. Der Hirsch zeichnete sehr gut, zog aber dann ungefähr 250 Meter übers freie Feld in einen Graben. Am Anschuss lag kaum Schweiß. Gemäß meiner Entscheidung wurde der Hirsch erst nach 45 Minuten nachgesucht. Und trotz sauberem Blattschuss wurde der Hirsch noch aus dem Wundbett hoch, blieb aber nach 50 Metern schwer krank stehen. Auf den Fangschuss hin, ebenfalls aufs Blatt, verendete er im Feuer.

Eine genaue Untersuchung zeigte: Das Geschoß hatte sich normal deformiert, die Blattschaufel durchschlagen, war dort offensichtlich vehement verzögert worden und aus dem Wildkörper nicht mehr ausgetreten. Das Geschoßrestgewicht betrug ungefähr 60 Prozent des ursprünglichen Gewichtes. Das Geschoß hatte einen so unglücklichen Schusskanal verursacht, dass zu wenig große Blutgefäße verletzt wurden, um einen Blutdruckabfall zu erreichen. Die Körperhaltung des Hirsches im Wundbett dürfte noch mitgeholfen haben, das Ausschweißen durch bestimmte Lagerung der Organe im Wildkörper zu reduzieren. Das Wundbett lag in einer sehr schmalen Senke, wo der Körper meiner Vermutung nach richtiggehend komprimiert worden ist.

Abgesehen von diesem Vorfall ist mir eine ähnliche Wirkung bei dieser Laborierung nie mehr untergekommen. Es blieb ein Einzelfall.

Fazit: Wir dürfen Einzelfälle nicht überbewerten, müssen sie vielleicht sogar aus einer Gesamtbewertung ausgliedern. Ich bin überzeugt, dass viele Jäger nach einem solchen Vorfall sofort das Geschoß gewechselt hätten. Der Vorfall zeigt aber auch, dass selbst Wildtiere derselben Art unterschiedliche psychische und physische „Steherqualitäten" haben. Auch kann der Schusskanal im Wildkörper ungünstig verlaufen und wenig Zerstörung erzielen. Die absolut tödlichen Zielzonen, um ein Stück Wild auf den Anschuss zu bannen, sind nicht so groß, wie man meist annimmt. Daher kann es bei ungünstigem Geschoßverlauf im Körper zu solchen Ausreißern in Bezug auf die Wirkung des Geschoßes kommen. Das heißt: Wenn wir die Tötungswirkung von Geschoßen vergleichen wollen, dann müssen wir sehr genaue Aufzeichnungen führen und müssen Einzelfälle mit Sorgfalt bewerten.

Wir brauchen Fakten

Moderne Büchsengeschoße – ob bleifrei oder bleihaltig – müssen immer wiederkehrende, verlässliche zielballistische Leistung erbringen können. Eine aktuelle Studie über die Tötungswirkung von Büchsengeschoßen (Studie Eberswalde, Gremse & Rieger 2012) deckt sich mit einigen Ergebnissen meiner Studien (Studie über den psychischen Zustand des Wildes bei der Schussabgabe / Umstellung von verbleiten Büchsengeschoßen auf bleifreie Geschoße im Nationalpark Gesäuse Österreich).

Damit die Wirksamkeit eines Geschoßes ermittelt und verglichen werden kann, sind genormte Simulanzmedien notwendig. Simulanzmedien sind Substanzen, die das echte Medium „Wildkörper" simulieren. In der Fachwelt werden zwei Arten solcher Simulanzmedien verwendet, die dem Wildkörper sehr ähneln: Glyzerinseife und ballistische Gelatine. Sie ermöglichen jeweils unterschiedliche Auswertungen. Da eine Erprobung auf lebendes Wild aus ethischen Gründen undenkbar ist, aber auch aus Gründen der Wiederholbarkeit, sind Simulanzmedien für die wundballistische Entwicklung von Büchsengeschoßen unerlässlich. Während Glyzerinseife eine genaue Vermessung der maximalen Ausmaße einer temporären Wundhöhle ermöglicht, kann bei Gelatine das Verhalten eines Geschoßes im dichten Medium videotechnisch mit einer Hochgeschwindigkeitskamera genau analysiert werden.

Simulanzmedium Glyzerinseife

Die temporäre Wundhöhle bleibt nach einem Beschuss in Glyzerinseife in ihrer Maximalausdehnung erhalten. Damit ist es möglich, alle Leistungsparameter für ein Geschoß hinsichtlich seiner maximalen Ausdehnung genau auszuwerten und zu vermessen. Das Ansprechen des Geschoßes, die Deformation, die Tiefenwirkung, das Volumen und die Energieabgabe können so Zentimeter für Zentimeter genau analysiert und veranschaulicht werden.

Beschuss in Glyzerinseife.

Durch Lebensmittelfarbe kann die permanente Wundhöhle sichtbar und messbar gemacht werden.

Glyzerinseifenblöcke.

Drei Glyzerinseifenblöcke nach einem Beschuss mit verschiedenen Büchsengeschoßen.

Simulanzmedium Ballistische Gelatine

Möchte man die Wirksamkeit des Geschoßes durch Hochgeschwindigkeitsaufnahmen belegen und die Verformung des Geschoßes veranschaulichen, dann ist dies nur mit einem Beschuss von Gelatine möglich. Gelatine ist an sich transparent und damit für Aufnahmen besonders gut geeignet. Die Wundhöhle fällt nach dem Beschuss wieder in sich zusammen, wie es auch im dichten Medium der Fall ist. Die Ermittlung von tötungswirksamen Parametern bzw. der Ausdehnung der Wundhöhle scheint zunächst etwas ungünstiger. Allerdings ist auch bei Gelatine – durch ein sogenanntes Risslängenverfahren – eine Auswertung der bereits wieder zusammengefallenen temporären Wundhöhle bzw. der Verlauf des Schusskanals möglich.

Parameter für eine ausreichende Tötungswirkung

Noch bis vor ein paar Jahren war die ausreichende Tötungswirkung bei Schalenwild durch Büchsengeschoße wissenschaftlich nicht umfassend erforscht. Erst der Druck der Gefahr einer Einführung bleifreier Büchsengeschoße hat diesbezügliche Untersuchungen beschleunigt. Einer der Vorreiter war dabei Deutschlands Bundesanstalt für Landwirtschaft und Ernährung, unter Einbeziehung internationaler Fachleute. Federführend auf diesem Gebiet ist der Schweizer Ballistiker Beat Kneubuehl. – Nachstehend einige Untersuchungsergebnisse aus der letzten Zeit und die sich daraus ergebenden Forderungen an ein Geschoß bzw. Bewertungskriterien eines Geschoßes. Der zugrunde gelegte Maßstab ist dabei immer europäisches Schalenwild.

Tiefenwirkung

Die Forderungen sind: Das deformierte Geschoß muss verlässlich tiefliegende Organe erreichen können, auch bei Schrägschüssen. Der Schusskanal muss geradlinig verlaufen, was auch für die Einschätzung des Kugelfanges von großer Bedeutung ist. Für den geradlinigen Verlauf des Geschoßes durch den Wildkörper ist die Richtungsstabilität eines Jagdgeschoßes sehr wichtig. Die Mindesteindringtiefe eines Büchsengeschoßes für die Jagd auf Schalenwild

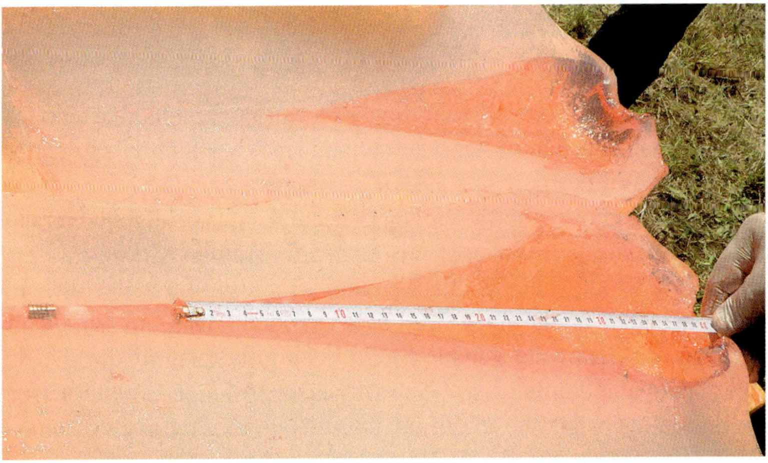

Tiefenwirkung, überprüft durch Beschuss in Glyzerinseife.
Mittels Seifenbeschuss kann die Tiefenwirkung des jeweiligen Geschoßes ermittelt werden, in diesem Fall bei einem Teilzerlegungsgeschoß SAX KJG-SR.

wurde auf „größer als 30 Zentimeter" festgesetzt. Diese Mindestanforderung ist aus anatomischen Überlegungen leicht nachvollziehbar, man denke etwa an einen Schrägschuss auf Rotwild.

Energieabgabe

Ab dem Auftreffen auf dem Wildkörper muss das Geschoß seine kinetische Energie an den Wildkörper abgeben können. Wichtig dabei ist, dass die Energieabgabe mit möglichst wenig Verzögerung erfolgt, also schon ab Geschoßaufschlag auf dem Wildkörper. In der Praxis passiert dies erst nach der Deformation des Geschoßes, also im günstigsten Fall etwa nach 2 Zentimetern ab dem Geschoßeintritt – je nach Geschoß. Eine Energieabgabe von mehr als 100 Joule je Zentimeter Geschoßweg ist hier das unbedingt geforderte Mindestmaß. Ab diesem Wert ist eine Verletzung oder das Platzen von Blutgefäßen im unmittelbaren Nahbereich des Schusskanals möglich (Kneubuehl 2008), ohne dass das Gefäß direkt getroffen sein muss. Ist ein Gefäß etwa 15 Millimeter vom Schusskanal entfernt, muss das Geschoß bereits 150 J/cm abgeben, damit das Gefäß platzt (Kneubuehl 2013).

Mindestenergieabgabe, aber wo?

Ein weiteres wichtiges Bewertungskriterium eines Jagdgeschoßes ist die Abgabe der Mindestenergie entlang eines bestimmten Geschoßweges im Wildkörper. Dies ist deshalb wichtig, damit genau an den stark durchbluteten Bereichen in der Kammer genügend Gefäße beschädigt werden, um eine ausreichende Tötungswirkung zu erreichen. Obwohl viele Ballistiker und Munitionshersteller sich in dieser Hinsicht nicht einig sind, halte ich den Ansatz trotzdem für zulässig, da damit die genaue Stelle im Wildkörper für die meiste Energieabgabe definiert ist. Nach wissenschaftlichen Erkenntnissen muss demnach das Geschoß auf den ersten 15 Zentimetern einen Energieumsatz von mehr als 1.500 Joule bringen.

Ein Büchsengeschoß und seine Deformationsbereitschaft sind immer abhängig von der Geschwindigkeit beim Geschoßaufschlag auf den Wildkörper. Geschoße unter einer bestimmten Geschwindigkeit sinken damit unter einen Grenzwirksamkeitsbereich. In so einem Fall wäre die Tötungswirkung nach unserer Jagd- bzw. Tierschutzprämisse nicht mehr gegeben. Selbst das Unterschreiten nur eines der drei Parameter (Tiefenwirkung, Energieabgabe des Geschoßes pro Zentimeter Geschoßweg und lagebedingte Energieabgabe) hat zur Folge, dass das Geschoß die geforderte Wirksamkeit nicht mehr erreicht.

Diese „Laborparameter" für eine ausreichende Tötungswirkung decken sich sehr signifikant mit den Beobachtungen, Analysen und Fluchtstrecken der hier zugrundeliegenden Studien und Feldtests. Vielleicht fehlt dabei noch das eine oder andere Bewertungskriterium. Auf jeden Fall aber sind diese Parameter ein sehr guter Ansatz für die Bewertung eines Geschoßes hinsichtlich Tötungswirkung.

Manche Munitionshersteller sind mit diesen Parametern nicht ganz einverstanden. Der Grund ist die Unterschreitung eines oder mehrerer der beschriebenen Parameter durch einige am Markt befindliche Geschoße.

Wundhöhle bei einem Wildschwein.

Auf den ersten 15 Zentimetern nach Eintritt muss ein Mindestmaß an Energie an den Wildkörper abgegeben werden.

Grenzgeschwindigkeit und maximale Schussweite

Mit dem Absinken auf eine bestimmte Grenzgeschwindigkeit, bei der ein Büchsengeschoß die Deformationseigenschaften bzw. die drei angeführten Mindestlimits nicht mehr erreicht, endet auch die maximale Entfernung, auf die man mit diesem Geschoß schießen darf. Meine eigenen Studien bei der Umstellung auf bleifreie Büchsengeschoße im Nationalpark Gesäuse belegen dies ganz klar.

Fällt also die Geschoßgeschwindigkeit unter eine bestimmte Grenze, dann ist die Tötungswirkung dieses Geschoßes nicht mehr in dem Maße gegeben, wie es nach den jagdlichen Vorgaben erforderlich wäre. Dies gilt für bleihaltige Geschoße genauso wie für bleifreie. Nachdem ein bleifreies Geschoß im Zuge der Außenballistik mehr an Geschwindigkeit verliert als ein bleihaltiges, besteht bei einigen bleifreien Deformationsgeschoßen das Problem, dass sie bereits ab 150 Meter unter die notwendige Grenzgeschwindigkeit geraten und sich dann nicht mehr ausreichend deformieren können, womit sie ihre Arbeit im Wildkörper nicht mehr verrichten können. Dies alles hängt selbstverständlich mit dem Kaliber und der Beschleunigung des Geschoßes zusammen: Je langsamer das Kaliber und je ungünstiger der BC-Wert des Geschoßes, desto früher ist bei der Schussentfernung Schluss.

Während einer meiner Studien ergab sich folgender Fall: Ein Berufsjäger hatte schon seit langem die .243 Win. auf Reh, Gams und gelegentlich schwächeres Rotwild verwendet. Nach Umstieg auf das bleifreie Lapua Naturalis-Geschoß mit 5,8 Gramm und (nach Firmenangaben) einer V_0 von 910 Metern pro Sekunde ergab sich zunächst eine äußerst gute Wirkung bei Schussentfernungen bis 120 Meter. Über 200 Meter war aber eine ausreichende Tötungswirkung nicht mehr gegeben. Die Stücke zeichneten zwar gut, gingen sogar im Nahbereich des Anschusses zu Boden, wurden aber wieder hoch, und die Fluchtstrecken waren dann sehr groß. Kahlwild blieb auch manchmal im Bereich des Anschusses im Wundbett und verendete erst nach geraumer Zeit oder benötigte noch einen Fangschuss. Für unsere Bewertung wurden ausschließlich Kammerschüsse herangezogen, das heißt: Einschuss und Ausschuss im Bereich der Kammer. Jetzt werden viele denken: Diese Wirkung ist mit einer .243 Win. auf Rotwild doch nicht überraschend! Auf die Kaliberfrage möchte ich an dieser Stelle aber nicht eingehen. Bemerkenswert ist jedenfalls: Mit dem bleihaltigen Geschoß Nosler Partition mit 5,5 Gramm und (nach Firmenangaben) einer V_0 von 980 Metern pro Sekunde waren solche Wirkungen vom Berufsjäger über Jahre nicht zu beobachten gewesen – und das bei hohen Abschusszahlen. – Natürlich fordert Rotwild dem kleinen Geschoß der .243 Win. bezüglich Tötungswirkung alles an Reserven ab. In diesem Fall war mit dem bleifreien Geschoß die Leistungsgrenze ab etwa 130 bis 150 Meter aufgrund des Unterschreitens der Grenzgeschwindigkeit erreicht.

Kennzeichnung der Tötungswirkung auf der Munitionspackung!

Die Diskussion über bleihaltige und bleifreie Geschoße hat den Munitionsmarkt völlig undurchsichtig gemacht. Dem Endverbraucher „Jäger" ist es heute nur mit viel Fachwissen möglich, ein Geschoß für seine Bedürfnisse auszuwählen. Selbst Fachleute stoßen immer wieder an ihre Grenzen, vor allem was die Tötungswirkung eines Geschoßes betrifft. Deshalb muss meiner Meinung nach in Zukunft die Wirksamkeit eines Geschoßes auf der Munitionspackung vermerkt werden: Bis zu welcher Entfernung wirkt es? Und bis zu welchem Körpergewicht? – Die Interessenvertretungen der Jäger müssen die Munitionshersteller an einen Tisch bringen und standardisierte Verfahren einfordern, bei denen unter gleichen Bedingungen Geschoße hinsichtlich Tötungswirkung erprobt werden können. Dies gilt für bleihaltige genauso wie für bleifreie Geschoße.

Möglich, dass Munitionshersteller mit dem Anführen eines Schussentfernungslimits für ausreichende Tötungswirkung so ihre Probleme haben. Fakt ist aber, dass es einfach große Unterschiede geben kann, wenn ein und dasselbe Geschoß in unterschiedlichen Kalibern verschossen wird. Vergleichen wir dazu die .308 Win. und die .300 Win. Mag. Wenn die Grenzgeschwindigkeit eines bestimmten Geschoßes bei 680 Metern pro Sekunde liegt und beim Kaliber .308 Win. dieser Wert nach 230 Metern gegeben ist, dann muss auf der Munitionspackung stehen: „Tötungswirkung bis 230 Meter". Bei der .300 Win. Mag. wird dieser Wert erst bei 300 Metern er-

Kennzeichnung der Tötungswirkung auf der Munitionspackung.
So oder ähnlich wird in Zukunft die Tötungswirkung einer Laborierung auf der Munitionspackung vermerkt sein müssen.

reicht. Daher wird auf der Packung in diesem Fall „Tötungswirkung bis 300 Meter“ stehen. Die Munition der .308 Win. ist deshalb nicht schlechter, es ist lediglich ein nicht ganz so weiter Schuss möglich. Der Jäger muss jedenfalls wissen, dass diese Munitionslaborierung nur bis 230 Meter die nötige Tötungswirkung hat und dass er bei einer Entfernung jenseits davon den Finger gerade lassen muss.

Wie tötet das Geschoß?

Beim Auftreffen auf den Wildkörper beginnt bei Deformations- und Teilzerlegungsgeschoßen die Deformation des Geschoßes, sofern das Geschoß noch ausreichend Geschwindigkeit besitzt, welche wiederum mit der Schussentfernung zusammenhängt. Kurz nach dem Aufschlag auf dem Wildkörper ist die Deformation des Geschoßes bereits vollzogen. Die Reizung der Schmerzrezeptoren an der Haut oder unter der Haut sind schon oft untersucht worden – allerdings ohne eindeutiges Ergebnis. Nach meiner Erfahrung setzt ein Geschoß mit stumpfer Spitze an der Hautoberfläche einen intensiveren Impuls ab als ein spitzes Ogivalgeschoß und hat damit tendenziell eine bessere Augenblickswirkung. Das heißt: Das beschossene Stück zeichnet besser. Die Aussage bleibt aber subjektiv, es fehlen eine genügend große Versuchsreihe und verlässliche Vergleichsparameter.

Wie bereits an anderer Stelle erwähnt, nimmt ab dem Zeitpunkt des Auftreffens die Geschwindigkeit nur mehr ab, und das Geschoß verliert zwar an Masse, die Ausbildung der Deformation an sich bleibt aber erhalten. Reine Deformationsgeschoße sollten sich in dieser Phase nur deformieren, ohne Masseverlust. Bei den bleifreien Geschoßen gelingt dies sehr gut, jedoch benötigen sie aufgrund der größeren Härte ausreichend Geschwindigkeit am Ziel. Bleihaltige Deformationsgeschoße hingegen haben meist einen gewissen Masseverlust. Es sollten aber jedenfalls nach dem Ausschuss noch 90 Prozent der Ausgangsmasse erhalten bleiben.

Die Teilzerlegungsgeschoße splittern den von der Konstruktion her geplanten Teil der Geschoßspitze ab und reduzieren sich in der Geschoßmasse. Der Druck, der durch die Splitter in das Gewebe abgegeben wird, ist sehr massiv. Deshalb geben Teilzerleger in dieser Phase viel Energie an den Wildkörper ab und verfügen somit über gute Tötungswirkung. Ihre Effizienz ist bei genügend Geschwindigkeit sehr hoch. Lunge, Herz und zahlreiche Blutgefäße werden durch das Primärgeschoß und die Splitter regelrecht zerstoßen. Leider gibt es aber Splitter, die für die Wildbretgewinnung und in Sachen Kugelfang nicht unbedingt von Vorteil sind. Verläuft der Schusskanal schräg durch den Wildkörper, kann die Wirkung etwas verpuffen, es kann bei manchen Geschoßen die Tiefenwirkung fehlen. Ein Schuss schräg von hinten (Haltepunkt hinter dem Blatt, um danach in die Kammer zu kommen) kann schon einen um 25 Zentimeter längeren Schusskanal verursachen als bei breit stehendem Wild – oder noch mehr. Damit wird die Splitterbildung vorzeitig ausgelöst und die für die Tötungswirkung wichtigen Organe werden oftmals nicht wirksam erreicht. Der Splitterstoßeffekt verpufft in solchen Fällen manchmal im Bereich vor den Organen, und die Fluchtstrecken werden zwangsläufig größer.

Geschoßen mit Scharfrand im Bereich der Geschoßspitze wird eine hohe Effektivität durch die Erzeugung einer Art Schockwelle nachgesagt. Hochgeschwindigkeitsaufnahmen zeigen aber eindeutig, dass der Scharfrand mit dem Gewebe meist nicht in Berührung kommt. Demnach kann die Wirkung im Wildkörper nicht davon abgleitet werden.

Das Thema Schocktod ist weitgehend unerforscht. Es gibt nur wenige Hinweise auf den nachhaltigen und gleichmäßigen Einfluss des Schockimpulses für die Herbeiführung des Todes beim Büchsenschuss. Die Wirkung des Büchsengeschoßes ist eben eine andere wie beim Schrot, wo es fast ausschließlich zu einer Art Schocktod kommt. Allein die psychische Verfassung des Wildes zum Zeitpunkt der Schussabgabe, ob es vertraut ist oder nicht, führt zu höchst unterschiedlichen Reaktionen. Allein deshalb schon ist es schwer, die Rolle des Schocks beim Herbeiführen des Todes festzumachen.

Je weiter das Geschoß in den Körper vordringt, desto mehr Geschwindigkeit verliert es. Wie erwähnt, hat Kneubuehl eine Grenzgeschwindigkeit festgesetzt (mehr als 100 J/cm), welche im Minimum notwendig ist, dass ein Deformations- oder Teilzerlegungsgeschoß auch seitlich des Geschoßkanals imstande ist, Blutgefäße zu beschädigen. Damit liegt ein wichtiges Kriterium auf dem Tisch. Es müssen so viele große Blutgefäße verletzt oder beschädigt werden, wie nur möglich. Da dies nur in der ersten Phase nach dem Eindringen des Geschoßes passieren kann – sofern die Blutgefäße nicht direkt getroffen werden –, ist es bei mittelgroßem oder großem Wild sehr wichtig, den Haltepunkt so zu wählen, dass die Vitalzone (Kammer) mit dem Geschoß ehestmöglich erreicht wird. Bei breitstehendem Wild wird das auch rasch der Fall sein. Wird der Schusskanal zu lang oder

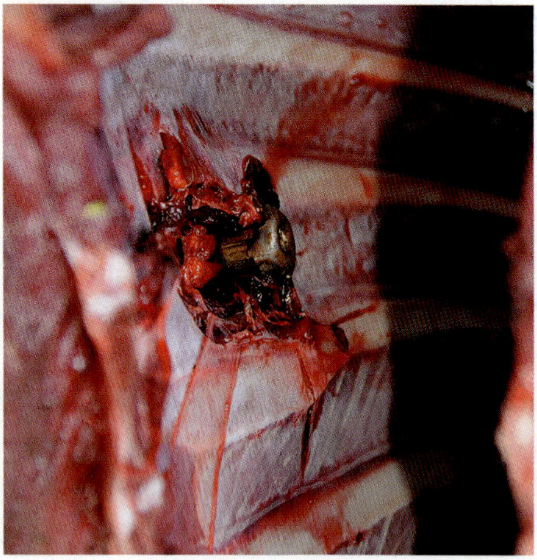

Teilzerlegungsgeschoß beim Eintritt in die Kammer.

Schon nach ein paar Zentimetern nach dem Aufschlag auf den Wildkörper ist die Deformation mit Splitterseparierung abgeschlossen.

liegt der erste Teil des Schusskanals außerhalb der Kammer, kann es sein, dass die Tötungskraft des Geschoßes schon vorher in unwirksameren Körperbereichen verpufft.

Der Tod tritt ein

Durch die Verletzung von großen und möglichst vielen Blutgefäßen, die sich in den stark durchbluteten Organen in der Kammer befinden, kommt es beim Wildtier zu einem raschen, manchmal schlagartigen Blutdruckabfall, der Handlungsunfähigkeit hervorruft. Wie rasch dieser Zustand eintritt, hängt von der Schwere der Verletzung bzw. vom Grad der Blutgefäßzerstörung ab. Erst danach tritt der Tod durch Versagen des Blutkreislaufes und Unterversorgung des Gehirns mit Sauerstoff ein. Der Tod tritt natürlich auch dann schlagartig ein, wenn durch den Treffer eine mechanische Zerstörung des Zentralnervensystems erfolgt (Gehirn, Stammhirn, Halswirbelsäule).

Hält sich die Verletzung der Blutgefäße durch einen schlechten Treffer oder mangelnde Wirksamkeit des Geschoßes in Grenzen und bleibt das Stück zudem noch mobil, kommt es zu einem lebenserhaltenden Notfalleffekt im Körper. Durch die Ausschüttung von Adrenalin versucht das Stück, alle lebenserhaltenden Funktionen wie Puls- und Blutdruck oder Sauerstoffverbrauch zu erhöhen. Gefäße können verengt oder erweitert werden. Das Ausschütten von Adrenalin durch die Nebenniere führt auch schlagartig zu Schmerzlosigkeit. Man kennt dieses Phänomen beim Menschen aus unzähligen Fällen im Krieg. Der Rückschluss, dass es auch beim Wildtier nicht anders sein wird, ist zulässig. Sogar bei Treffern an Extremitäten können große Gefäße nach einiger Zeit so weit verengt werden, dass ein Verbluten zunächst verhindert werden kann – auch bei Abtrennen dieser Gliedmaße. Jäger kennen dies aus kilometerlangen Nachsuchen nach Laufschüssen. Diese lebenserhaltenden Maßnahmen verringern zwangläufig die Wirkung eines weiteren Treffers im Wildkörper. Damit ist die Trefferlage des Ersttreffers für die Geschoßwirkung von entscheidender Bedeutung. Alle Treffer danach, auch wenn es sich um Kammerschüsse handelt, haben eine eklatant geringere Wirkung.

Richtungsstabilität von Geschoßen im Wildkörper

Die Stabilisierung von Büchsengeschoßen wurde bereits besprochen, allerdings ausschließlich in Bezug auf den atmosphärischen Bereich, also die Außenballistik. Nun beschäftigen wir uns mit der Richtungsstabilität von Geschoßen im Wildkörper.

Die Forderung nach Richtungsstabilität

Von einem jagdlichen Büchsengeschoß muss man in jedem Fall verlangen, dass es im Wildkörper richtungsstabil ist. Grundsätzlich versucht der Jäger, auf breitstehendes Wild zu schießen. Oft ist dies nicht hundertprozentig möglich, und so muss der Schuss auch dann noch tödlich sein, wenn es ein wenig schräg steht. Ganz gleich, wie das Wild tatsächlich steht, wir brauchen Richtungsstabilität des Geschoßes im Wildkörper, um die innenliegenden Organe erreichen zu können.

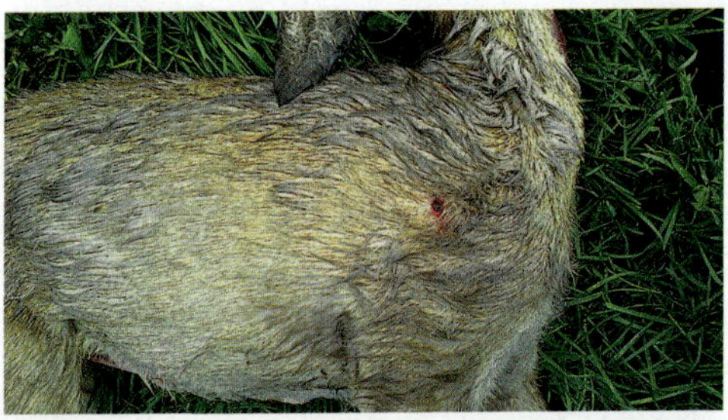

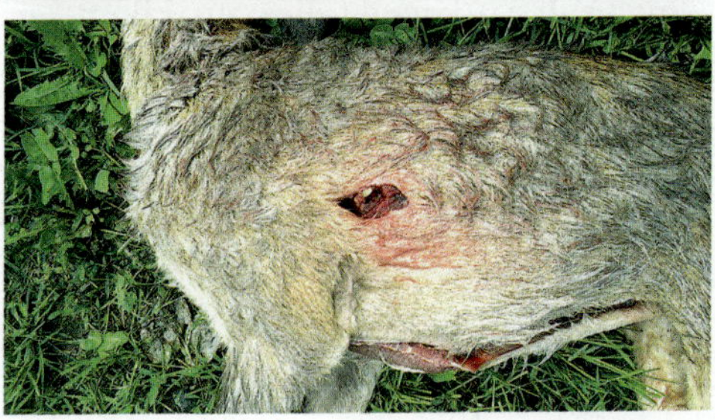

Einschuss und Ausschuss bei einem Stück Rehwild.

Das Stück ist breitgestanden. Einschuss und Ausschuss zeigen: Das Geschoß ist absolut richtungsstabil (Kal. .308 Win., Geschoß Barnes TTSX 150 gr).

Auch für den Kugelfang spielt diese Frage eine Rolle, noch vor Abgabe eines Schusses: Wir müssen den Austritt des Geschoßes aus dem Wildkörper zumindest erahnen können. Für eine gefahrlose Schussabgabe ist dies von höchster Bedeutung. Geschoße oder Geschoßtypen, die im dichten Medium schlagartig ihre Richtung ändern, sind daher jagdlich nicht tragbar.

Geschoßsplitter sind nicht richtungsstabil

Teilzerlegungsgeschoße sind von Haus aus so konstruiert, dass ein Teil des Geschoßes sich in Splitter aufteilt. Auch bei reinen Deformationsgeschoßen können Fahnen oder Teile des deformierten Geschoßes ausbrechen oder abbrechen und den Köper als Splitter durchdringen. Diese Splitter durchschlagen teilweise den gesamten Körper und können auch aus dem Wildkörper austreten. Handelt es sich um Mikrosplitter, dann verbleiben diese im Wildkörper, entlang des Wundkanals. Je nach Größe können Geschoßsplitter ein hohes Energiepotenzial mit absolut tödlicher Wirkung haben. Damit können Menschen oder andere Wildtiere ernsthaft verletzt werden, die sich im Nahraum des Ausschusses befinden.

Allerdings nimmt die Energie eines Geschoßsplitters durch dessen rasche Verlangsamung bald ab. Die Masse ist zu gering, um nach dem Austreten aus dem Wildkörper noch eine große Wegstrecke zurücklegen zu können. Nichtsdestotrotz können Geschoßsplitter innerhalb von ein paar Hundert Metern nicht unerhebliche Verletzungen bei Mensch oder Tier verursachen und diese sogar töten.

Für die Beurteilung des Kugelfanges ist die Richtungsstabilität von Geschoßen oder Restkörpern – wie Splittern – sehr wichtig. Die Form, die Geschoßsplitter nach der Abspaltung annehmen, ist nicht vorhersagbar und daher auch nicht der Weg, den sie nehmen werden. Das heißt: Sie sind nicht richtungsstabil. Je nach Bauart des Geschoßes, Eintrittswinkel in den Wildkörper oder nach Auftreffen auf Knochen verlassen die Geschoßsplitter den Wildkörper in unbestimmter Richtung. Daher muss der Kugelfang so großzügig berechnet werden, dass Geschoßsplitter in jedem Fall von diesem aufgenommen werden können. Im Abschnitt über den Kugelfang wird davon mehr zu lesen sein.

Psychische Verfassung des Wildtieres beim Schuss

Bei der Diskussion über Jagdbüchsengeschoße äußern Jäger immer wieder die Vermutung, dass die Geschoßwirkung, insbesondere die Augenblickswirkung, und auch die Fluchtdistanzen mit der psychischen Verfassung des Wildtieres beim Schuss zusammenhängen. Der entscheidende Punkt dabei ist wohl der psychische Zustand des Stückes unmittelbar beim Auftreffen des Geschoßes auf den Wildkörper. Aufgrund eigener Beobachtungen war mir diese Vermutung nicht fremd. Daher versuchte ich, der Sache im Rahmen einer Untersuchung auf den Grund zu gehen. Wissenschaftliche Erkenntnis kann ich aus dieser Untersuchung nicht beanspruchen, dazu sind meine Daten zu wenig umfangreich. Aber eine Tendenz kann man eindeutig daraus ablesen – ein weiterer Erfahrungsbaustein, der dazu beiträgt, ein wenig Licht in die Frage der Wirksamkeit eines Jagdgeschoßes und der tatsächlichen Wirkung am Stück zu bringen. Die Vorgabe war, etwa hundert Stück Schalenwild zu erlegen und dabei den Zusammenhang zwischen psychischem Zustand des Wildes und der Geschoßwirkung zu überprüfen. Drei Berufsjäger und ich wollten dies innerhalb eines Jahres erproben. Es fanden nur Stücke in die Versuchsreihe Eingang, die mit sauberem Kammerschuss erlegt wurden. Entscheidend war, dass sowohl Einschuss als auch Ausschuss eindeutig im Kammerbereich lagen. Treffer, die Verletzungen der Wirbelsäule verursachten, und solche, die am oder sehr nahe beim Zentralnervensystem saßen, blieben bei der Untersuchung unberücksichtigt.

Vertraut oder fluchtbereit bei der Schussabgabe – wir wollten wissen, ob sich da statistische Zusammenhänge hinsichtlich der Fluchtstrecke nachweisen ließen. Eine Abflucht bis höchstens 15 Meter vom Anschuss werteten wir als im Feuer geblieben.

Die maximale Schussentfernung betrug 150 Meter. Erlegt wurden hauptsächlich Rehwild und schwaches Schwarzwild bis 30 Kilogramm sowie ein paar Stück Damkahlwild. Die Untersuchung zeigte eindeutig: Wenn das Stück angepfiffen oder kurz vor

Verwendete Büchsen & Laborierungen		
Steyr Mannlicher Modell SL	Kal. .222 Rem.	Sako 3,24 g TM
Steyr Mannlicher Luxus	Kal. .308 Win.	RWS 9,7 g KS
Blaser K 77 UL	Kal. .243 Win	RWS 6,5 g TMS
Antonio Zoli BBF	Kal. 5,6×50 R Mag.	RWS 3,6 g TMS

dem Abspringen beschossen wurde, konnte es kaum auf den Platz gebannt werden. Die Fluchtdistanzen waren größer als bei vertrautem Wild – um etwa 35 Prozent. Hinsichtlich des Kalibers konnten wir keine Unterschiede erkennen. Unsere Erwartung, bei der .308 Win. etwas mehr Geschoßwirkung zu haben, wurde nicht bestätigt. Offensichtlich hat die höhere Energie nicht ausgereicht, um einen Unterschied zu machen. Wild, das schon in Bewegung gekommen war und – wieder verhoffend – beschossen wurde, war sowieso kaum auf den Platz zu bannen.

Wenn aber das Wild friedlich äste, war die Augenblickswirkung des Geschoßes so gut, dass mehr als 60 Prozent der Stücke im Feuer blieben. Hier war, insbesondere bei den Rehen, eine leichte Tendenz zugunsten der .308 Win. zu erkennen. Aber grundsätzlich lieferten alle verwendeten Laborierungen beim vertrauten Wild eine sehr gute Geschoßwirkung.

Zusammenfassung

Alle unsere Schalenwildarten sind Fluchttiere, die gute Überlebensstrategien entwickelt haben. Darüber hinaus haben sie besonders fein ausgeprägte Sinne, die sie Gefahren rechtzeitig wahrnehmen und flüchten lassen. Ist die Gefahr ausgemacht, bereitet das Gehirn die Flucht vor. Wenn also das Stück bereits sichert oder gar flüchtet und dann noch einmal kurz verhofft, dann ist der danach folgende Bewegungsablauf im Gehirn schon fix vorprogrammiert. Wenn in dieser angespannten Phase irgendetwas passiert, dann heißt der Befehl „Flucht“, und es wird die Bewegung, die bereits gespeichert ist, ausgeführt. Das in dieser Phase beschossene Stück wird flüchten, bis es zum Versagen des Blutkreislaufes kommt.

Ist das Wild beim Erhalt der Kugel vertraut, dann muss der Fluchtbefehl erst im Körper umgesetzt werden. Das dauert länger, und bis es so weit ist, versagt schon der Blutkreislauf. Damit bleibt das Stück im Feuer. Zudem hat der Körper noch kein Adrenalin ausgeschüttet. Somit lässt sich der höhere Anteil der Stücke, die bei vertrautem Wild im Vergleich zu den fluchtbereiten Stücken im Feuer geblieben sind, leicht erklären – und auch die insgesamt kürzeren Fluchtdistanzen.

Vertraut oder fluchtbereit – damit ist das Thema „Geschoßwirkung" um einen Aspekt reicher, der jedem Jäger bewusst sein sollte. Vergleichen Sie Ihre eigenen Erfahrungen mit unseren Ergebnissen: Sie werden sie bestätigt finden. Entscheidend ist dabei immer auch, dass einzelne Ausreißer nicht überbewertet werden. Gründe für Ausreißer gibt es viele. Ein Beispiel: Auch beim Wild wird es besonders widerstandsfähige Stücke geben und andere, die nicht so hart im Nehmen sind. Bei uns Menschen ist es in lebensbedrohenden Situationen ja ähnlich: Der eine gibt schon zu Beginn einer Konfrontation auf, der andere kämpft mit schier übermenschlichen Kräften …

Friedlich äsend.

Bei vertraut äsendem Wild sind die Voraussetzungen für eine gute Tötungswirkung des Geschoßes am besten.

Im Abspringen.

Würde der Schuss jetzt angetragen, wenn das Wild noch einmal verhofft, dann stehen die Chancen, dass es im Feuer bleibt, schlechter als bei vertrautem Wild.

Treffpunktlage am Wildkörper

Das Thema „Wo den Schuss antragen?“ teilt die Jäger in zwei Lager. Die einen rücken dabei die Wildbretentwertung in den Vordergrund, die andern möglichst geringe Fluchtstrecken. Wir haben schon weiter vorn gesagt, dass die Forderung nach rascher Tötung allen anderen Argumenten voransteht. Aber auch, wenn man die Qualität des Wildbrets im Auge hat, muss Interesse daran bestehen, das Wild möglichst auf den Anschuss zu bannen. Wie beschrieben, kommt es bei lebensbedrohlichen Verletzungen von Wild zur Ausschüttung von Adrenalin. Die Ausschüttung erfolgt fast explosionsartig, der Körper braucht nur ganz kurz, um das Hormon in den Blutkreislauf zu bringen. Das heißt: Je länger das Wild braucht, um zu verenden, desto mehr Notfallhormone werden mit dem Blut ausgeschwemmt. Von den Schlachthöfen wissen wir, dass Stress bei der Tötung die Fleischqualität mindert. Bei Wildtieren ist das nicht anders. Also fällt die Forderung nach möglichst raschem Verenden des Wildes im Grunde genommen mit der Forderung nach möglichst unversehrtem Wildbret fast zusammen.

In Diskussionen über Geschoßwirkung werden meist alle möglichen Parameter in die Waagschale geworfen. Sehr oft fehlt dabei aber die Treffpunktlage am Wildkörper. In Wahrheit entscheidet jedoch genau diese über die tatsächliche Geschoßwirkung. Sitzt der Treffer nicht in der Kammer bzw. in der Vitalzone, kann auch eine Super-Magnum die Kohlen nicht mehr aus dem Feuer holen. Ist der Schuss schlecht, dann ist das lebenserhaltende Adrenalin schon im Körper, das Wildtier wird schmerzunempfindlich, und die lebenserhaltenden Maßnahmen setzen ein. Sitzt der Schuss zwar in der Kammer, aber schon sehr knapp am Zwerchfell, dann ist die Gefahr groß, dass durch die temporäre Wundhöhle oder durch Splitterwirkung die Bauchhöhle geöffnet wird, was zu einem massiven Bakterieneintrag beim Wildbret führt – eine Katastrophe in Bezug auf Fleischhygiene und Fleischreifung.

Beim Schalenwild teilt man die Trefferzonen grob in drei Gruppen ein: das zentrale Nervensystem, die trefferwirksame Zone

Schuss hinters Blatt.

Früher galt die Regel: eine Handbreit hinters Blatt. Ergebnis: mehr Weichschüsse!

der Kammer (Bereich Lunge/Herz bis zum Zwerchfell) und die weniger wirksame Zone im Weichteil (hinter dem Zwerchfell).

Trefferzone zentrales Nervensystem

Wird das zentrale Nervensystem getroffen, so werden damit die Leitungen zu den „willensbildenden" Muskeln unterbrochen, bei einem Kopftreffer sogar die ganze Steuerungszentrale des Tieres zerstört. Die Trefferzonen sind relativ klein und für einen regelmäßigen jagdlichen Einsatzschuss nicht geeignet. Wird aber ein Körperteil getroffen oder zerstört, der Teile des zentralen Nervensystems beinhaltet, kommt es schlagartig zum Tod, zur Bewusstlosigkeit oder zur Lähmung des Stückes. Dazu gehören in erster Linie Treffer des Gehirns, insbesondere des Stammhirns und des Rückgrates.

Schuss aufs Haupt

In der Hirnkapsel ist das mit hohem Flüssiganteil versehene Gehirn eingebettet – bestehend aus Großhirn, Kleinhirn und Stammhirn.

Bei einem Treffer der Hirnkapsel durch ein für Schalenwild zugelassenes Kaliber (gleich welches Geschoß) kommt es zwangsläufig zu einer Sprengung derselben. Damit wird das Tier schlagartig getötet.

Anatomisch besteht der Kopf aus der Hirnkapsel und dem Gesichtsschädel. Nun besteht bei einem Schuss auf die Breitseite des Schädels von Schalenwild die Gefahr, die Hirnkapsel nicht zu treffen, sondern Teile des Gesichtsschädels: Unterkiefer, Oberkiefer, Nasenrücken oder der Weichteil hinter dem Unterkiefer. Der fehlende Oberkiefer im untenstehenden Foto könnte vom Versuch eines Tellerschuss auf dieses Stück Schwarzwild stammen. Das Stück braucht nur etwas schräg beschossen worden sein, und schon sieht die Trefferlage so aus. Ich habe dieses Stück nach geschätzt gut einem Jahr nach dieser schweren Schussverletzung erlegt. Die Verletzung war komplett ausgeheilt, und es hatte sich auch wieder eine Art Lippe gebildet. Das Stück war nicht abgekommen, im Gegenteil, sogar sehr gut ernährt. Der intakt gebliebene Lecker hatte die Nahrungsaufnahme ermöglicht. Zwar konnte das Wildschwein die Nahrung nur mehr hineinschlürfen, aber das genügte letztlich. Die Moral aus der Geschichte: Wenn schon ein Schuss aufs Haupt von Schalenwild, dann ausschließlich auf das wegäugende oder Stich heräugende Stück! Bei Schwarzwild ist dies sowieso schwierig, weil es keine lange Halswirbelsäule hat, die dazu führt, dass das Haupt höher getragen wird und damit eindeutig getroffen werden kann. Der Kopf muss genau zum Schützen her oder vom Schützen weg zeigen. In diesem Fall genügt es, nur einen Teil des Kopfes zu

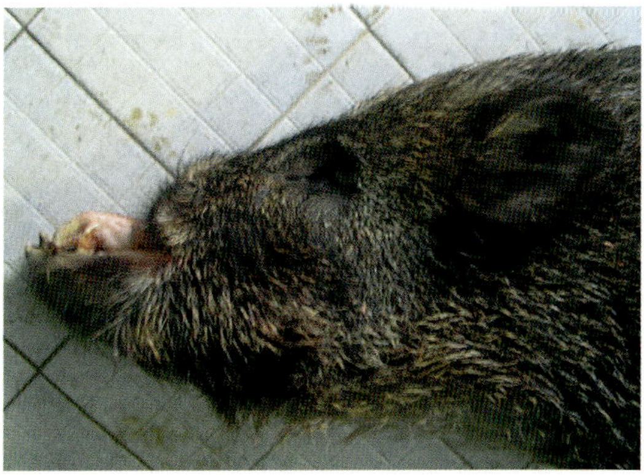

Riskant: Der Schuss auf den Teller.

Möglicherweise wurde dieser Schuss dem etwas schräg stehenden Stück Schwarzwild angetragen. Also: Wenn schon Schuss aufs Haupt, dann ausschließlich auf das Stich her- oder wegäugende Stück.

treffen. Sogar ein Streifschuss, der einen Knochenteil trifft, führt zum sofortigen Verenden des Stückes. Wenn der Schuss trifft, dann ist er mit an Sicherheit grenzender Wahrscheinlichkeit tödlich. Fazit: Der Schuss auf die Breitseite des Schädels von Schalenwild ist zu unterlassen!

Schuss auf den Träger

Manche Jäger versuchen sich an Kunstschüssen auf den Träger. Der Träger beinhaltet in erster Linie die Halswirbelsäule, die zum zentralen Nervensystem gehört. Wird diese getroffen, ist eine Wirkung wie bei allen anderen Trefferzonen des zentralen Nervensystems zu erwarten. Das Tier ist schlagartig gelähmt und verendet sofort. Außerdem führen die Hauptschlagadern durch den Träger. Trifft ein Jagdbüchsengeschoß dort auf, so führt dies zu einem sofortigen Blutdruckverlust, und das Stück verendet ebenfalls. Der Rest des Trägers besteht in Luftröhre, Speiseröhre, Gewebe und Decke. Bei einem Schuss auf den Träger gibt es also nur eine kleine absolut tödliche Trefferzone, die nicht verfehlt werden darf. Wird sie verfehlt, kann es zu einer schweren Luftröhren- oder Gewebeverletzung kommen, was zu einem qualvollen Verenden führt und möglicherweise erst nach Wochen eintritt. Selbst mit einem guten Hund wird dieses Stück kaum zustande gebracht werden können. Schon in meinem – ebenfalls im Österreichischen Jagd- und Fischerei-

Treffpunktlage beim Kurzschuss auf den Träger.

Bei Kurzschüssen weist die Büchse einen Tiefschuss auf – zumal bei einem Winkelschuss von oben kann das zu einer Katastrophe für das Stück werden!

Verlag erschienenen – Buch „Büchse“ habe ich gezeigt, wie sehr der Schuss auf den Träger, insbesondere auf kurze Entfernung, von vielen Jägern unterschätzt wird und nicht die erwünschte Trefferzone erreicht. Durch den Tiefschuss der Büchse auf Kurzdistanzen bis 25 Meter aufgrund des höher montierten Zielfernrohres kommt es zu nicht beabsichtigten Treffern am Träger, vor allem der Luftröhre. Wenn der Schuss noch dazu von einem Hochstand aus erfolgt, sitzt der Schuss erst recht tief. Um die anatomische Mitte des Trägers zu treffen, müsste der Haltepunkt bei einem Kurzschuss im oberen Drittel des Trägers gewählt werden.

Ich empfehle daher ausdrücklich, den Schuss auf den Träger zu unterlassen. Zu groß ist dabei die Gefahr, dass das Stück verlorengeht. Wer bei einer solchen Nachsuche schon einmal dabei war, der weiß, was ich meine.

Krellschuss

Verdacht auf Krellschuss liegt vor, wenn das Stück blitzartig zu Boden geht und zunächst im Feuer bleibt, wobei es heftig schlegeln kann. Der Schütze sollte in einem solchen Fall sofort nachladen, wieder in Anschlag gehen und das Stück nicht mehr aus den Augen lassen. Kommt es wieder hoch, eventuell sehr wackelig, so darf man mit einem weiteren Schuss nicht zögern, ganz gleich, wie das Stück steht.

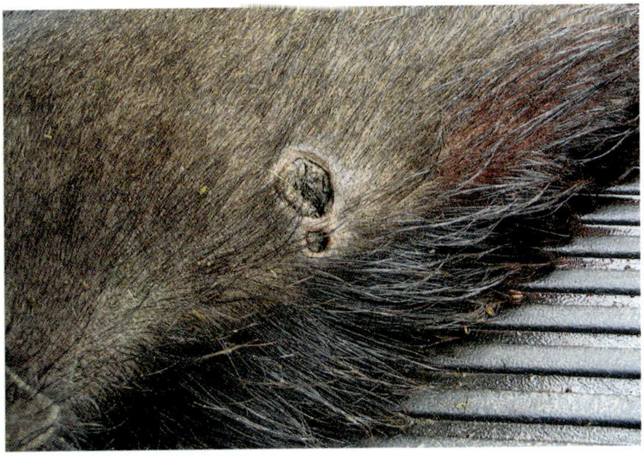

Alter Krellschuss. Der Krellschuss auf dieses Wildschwein erfolgte vermutlich mit einem Teilzerlegungsgeschoß. Im Bild zu sehen ist die Ausschussseite.

Bei einem Krellschuss sitzt der Schuss ober der Wirbelsäule und trifft nur deren Dornfortsatz. Das Stück ist hier nur vorübergehend gelähmt und kommt nach einiger Zeit wieder auf die Läufe. Je nach Verletzung ist es selbst mit einem guten Hund sehr schwierig, das Stück zu finden und den Fangschuss anzutragen. Je länger zwischen Schuss und Nachsuche vergeht, umso mehr Leben bekommt das Stück zurück. Nach einem Krellschuss im Sommer gehen die Stücke meist zugrunde, weil sie die Wunde nicht mit dem Lecker reinigen können, es folgen Madenbefall und grausames Verenden.

Blattschuss

Der Schuss aufs Blatt ist immer noch d e r weidgerechte Büchsenschuss schlechthin. Hinter dem Blatt liegt die Kammer. Sie beinhaltet die gesamte Zone zwischen Zwerchfell und Bruststpitz. Das Zwerchfell trennt Herz und Lunge von den Bauchorganen. Wie erwähnt, ist es wichtig, hochdurchblutete Organe und Zielzonen zu treffen, damit das Stück möglichst am Anschuss verendet. Daher muss das jagdliche Büchsengeschoß die Kammer so durchschlagen, dass sowohl Einschuss als auch Ausschuss im Bereich der Kammer liegen. Bei einem Treffer aufs Haupt oder auf den Träger schweißt das Wild nach dem Schuss nicht aus, beim Blattschuss hingegen sehr wohl. Wenn man daran denkt, wie viel Schweiß manchmal beim Aufbrechen in der Kammer ist, wird einem bewusst, welche Menge Schweiß bei Träger- und Kopfschuss in den Blutgefäßen und damit auch im Muskelgewebe verbleibt.

Kein Geschoßteil, Splitter oder gar das Primärgeschoß sollte das Zwerchfell durchdringen, damit nicht Pansen oder Darm verletzt und geöffnet werden. Bei einem Treffer hinter das Zwerchfell, also in die Bauchhöhle, spricht man von einem Weichschuss. Die Organe dieser Region sind nicht für die unmittelbare Lebenserhaltung verantwortlich, was längere Fluchtdistanzen des getroffenen Tieres verursacht. Im Bauchraum sind weniger große Blutgefäße als vor der Trennwand. Daher ist die Wahrscheinlichkeit sehr viel geringer, eines oder mehrere große Gefäße zu treffen und damit eine ähnliche Wirkung hervorzurufen wie bei einem Schuss in die Kammer. Viel wahrscheinlicher ist es bei einem Treffer in der Bauchhöhle, den

Pansen oder den Darm zu verletzen. Die Ausdehnung der Wundhöhle mit Unterstützung der Splitter und des Primärgeschoßes lassen diese Hohlorgane richtiggehend zerplatzen. Das Ganze verstärkt sich noch, wenn das Stück den Pansen voll hat. Durch den Druck wird der Inhalt dieser Organe regelrecht bis in dic letzten Winkel des Wildkörpers geschleudert. Dies verursacht den Austritt von Fäulnisbakterien, welche sich rasend schnell vermehren und in der für die Fleischreifung notwendigen Zeit das Stück verderben lassen. Durch großflächiges Ausschärfen des Schusskanals sowie gründliches Auswaschen mit Trinkwasser ohne Hochdruck kann die Lage entschärft werden. Grundsätzlich müssen wir aber einen derartigen Schuss dringend vermeiden, um erstklassiges Wildbret zu ernten – und gleichzeitig die beste Geschoßwirkung abzurufen.

Der Haltepunkt muss demnach eindeutig auf der Blattschaufel liegen, also in der Verlängerung des Laufes nach oben. Dann hat man genügend Sicherheitsabstand nach hinten zur Bauchhöhle. Dieser Haltepunkt mitten am Blatt birgt auch die Gewissheit, wirklich große Blutgefäße zu treffen – Gefäße des Herzes und des Lungenkreislaufes, was bei einem Treffer einen schlagartigen Blutdruckabfall zur Folge hat. Die Auswirkungen sind bekannt. Dieser Bereich ist auch genügend groß, um auf etwas weitere Entfernung schießen zu können. Daher bietet diese Zielzone die besten Voraussetzungen für einen weidgerechten Büchsenschuss.

Kritiker argumentieren aber, dass der Schuss mitten aufs Blatt die ganze Schulter zerstöre und damit viel gutes Wildbret entwerte.

Bereich für den Blattschuss.
Ein Treffer im Bereich des blauen Haltepunktes sichert eine gute Tötungswirkung und sauberes Wildbret.

Insbesondere Jäger der alten Schule wählen deshalb oft immer noch den Schuss hinters Blatt. Mit diesem Haltepunkt bin ich selbst noch ausgebildet geworden, doch gab es damals auch noch keine hohen Standards in der Wildbrethygiene, und die Ansprüche waren völlig anders. Der Haltepunkt hinterm Blatt birgt einfach das Problem, dass sich genau dort die Trennwand zwischen Brustraum und Bauchraum befindet, das Zwerchfell. Nachdem das Geschoß eine sehr große temporäre Wundhöhle erzeugt bzw. das Geschoß Splitter abgibt oder abgeben kann, ist die Gefahr groß, den Pansen zu verletzen, auch wenn das Geschoß noch knapp innerhalb der Kammer am Zwerchfell vorbeischrammt. Und unmittelbar hinterm Zwerchfell liegt der Pansen in der Bauchhöhle. Rechnet man mit der tatsächlichen Schützenleistung und einer etwas größeren Schussentfernung, so weiß man um das Risiko des Haltepunktes knapp hinterm Blatt, und es bleibt kein Argument mehr offen, gegen den Schuss mitten aufs Blatt zu sein.

Wenn man für den Schuss etwas Zeit hat, kann man warten, bis beide Vorderläufe des Stückes nicht genau parallel stehen. Dann schießt man nämlich nur durch ein Schulterblatt bzw. wird eines zumindest ein wenig geschont. Die Wirkung des Geschoßes bleibt aber dieselbe.

Winkelschuss aufs Blatt

Der Schuss auf ein schräg stehendes Stück Wild sollte nur durch die Kammer führen. Um dies zu bewerkstelligen, müssen bestimmte Winkel eingehalten werden. Steht das Wild sehr schräg von uns weg, dann müssten wir von hinten in der Bauchhöhle einfädeln, und genau dies muss verhindert werden. Schon früher einmal haben wir von der Tiefenwirkung gesprochen, die bei einem Jagdgeschoß mindestens 30 Zentimeter betragen sollte, wobei auf den ersten 15 Zentimetern ein Großteil der Energie in den Körper abgegeben werden sollte. Wenn nun das Wild derart schräg steht, dass man in der Bauchhöhle einfädeln müsste, damit das Geschoß die Kammer erreicht, erfolgt die maximale Energieabgabe in der Bauchhöhle, das sehr langsam gewordene Geschoß erreicht möglicherweise gar nicht mehr die lebenswichtigen Organe – und wenn, dann nur mehr

Winkelschuss auf ein Wildschwein.

Der Keiler steht zu schräg zum Schützen! Bei einem Schuss ist eine zu geringe Tiefenwirkung und damit schlechte Tötungswirkung zu erwarten – und auch viel Wildbretentwertung.

mit einer sehr geringen Geschwindigkeit. Da die Wundhöhlenbildung und die hydrodynamische Leistung des Geschoßes mangels Geschwindigkeit kaum mehr vorhanden sind, können wichtige Blutgefäße nicht mehr platzen oder beschädigt werden. Damit verpufft die Geschoßwirkung in der Bauchhöhle oder auf dem Weg in die Kammer. Das zwangsläufige Ergebnis: eine sehr schlechte Geschoßwirkung mit Fluchtstrecken, die größer sein können, als uns lieb ist.

Die Konsequenz daraus: Vertretbar ist der Winkelschuss aufs Blatt eines schräg stehenden Stückes nur, solange sowohl Einschuss als auch Ausschuss noch im Bereich der Kammer liegen. Dann führt der Wundkanal nämlich mitten durch die Kammer, und wir können eine sehr gute Geschoßwirkung erwarten.

Schrägschüsse haben beim Jagen also ihre Grenzen. Ein ganz schräg von hinten eingefädelter Schuss ist unweidmännisch und ohne Wenn und Aber abzulehnen. Der Schrägschuss von vorne darf nur erfolgen, wenn der Ausschuss noch vor dem Zwerchfell des Stückes liegt.

Schuss auf den Stich

Der Schuss auf den Stich eines Stückes birgt sehr hohe Risiken, wenngleich wir wissen, dass er eine sehr gute Wirkung hat, wenn er wirklich mitten auf dem Wildkörper sitzt.

Zunächst besteht einmal das Problem, dass beim Schuss auf das Stich stehende Stück die beiden Schultern eine sehr große Zielzone einnehmen. Der Brustkorb verschmälert sich bis zum Brustbeinspitz sehr stark, womit der vordere Teil des Brustkorbes nicht sehr breit

Schuss auf den Stich – er birgt große Unsicherheiten.

Der Haltepunkt in Rot sichert gute Tötungswirkung. Wenn allerdings das Gescheide erreicht wird, dann gibt es auch Wildbretentwertung. Schlägt das Geschoß im Bereich des blauen Treffpunktes auf, dann wird es eine sehr schwierige Nachsuche geben.

ist. Dringt das Geschoß nicht exakt in der Mitte des Brustbereiches ein, sitzt also der Treffer ein wenig seitlich, dann wird nur die Schulter oder ein Teil der Schulter getroffen. Es ist dabei fast unerheblich, ob dabei nur Muskelfleisch getroffen wird oder auch das Schultergelenk – eine schwierige Nachsuche steht allemal bevor. Vielfach wird ein Stück mit einem derartigen Schuss überhaupt nicht zur Strecke gebracht.

Wenn aber das Geschoß von vorn in den Brustkorb eindringt, ist die Wirkung erfahrungsgemäß sehr gut. Bei schwachen Stücken allerdings wird das Geschoß bzw. Geschoßteile mit hoher Wahrscheinlichkeit den Pansen erreichen und verletzen – mit sattsam bekannten Folgen. Ein Schuss auf den Stich muss daher in der jeweiligen Situation genau abgewogen werden. Wird ein Teilzerlegungsgeschoß oder ein zu weiches Geschoß verwendet, so werden mit Sicherheit Splitter oder Bleistaub auch in den Rückenbereich eindringen. Grundsätzlich rate ich daher von einem Schuss auf den Stich ab, denn er birgt zu viele Unbekannte und Unsicherheiten.

Blattschuss auf Schwarzwild

Schwarzwild ist etwas anders gebaut als die anderen Schalenwildarten. Es fehlt der ausgeprägte Träger, der Kopf geht mehr oder weniger gleich in den Rumpf über. Ein Schuss mitten aufs Blatt bleibt auch hier die sicherste Trefferzone mit sehr guter Geschoßwirkung. Wer den Schuss hinter dem Blatt (Hinterkante Vorderlauf) anträgt, muss mit längeren Fluchtstrecken rechnen. Gerade beim Schwarzwild ist die Wahl der Trefferzone am Blatt besonders wichtig. Der Hochblattschuss ist auch beim Schwarzwild sehr wirksam, da mit der Wirbelsäule das Zentralnervensystem getroffen wird. Er zerstört aber einen sehr edlen Wildbretteil des Schwarzwildes.

Der oft zitierte Schuss hinter den Teller ist eine äußerst schwierige Mission. Kommt man nämlich nur eine Nuance höher oder zu weit hinten ab, so wird nur mehr der Nackenmuskel getroffen. In diesem Bereich befinden sich kein Zentralnervensystem und auch keine lebenswichtigen Organe. Die Sau wird zwar zunächst gekrellt im Feuer bleiben, sich aber danach wieder aufrappeln und aller Wahrscheinlichkeit nach nicht zustande zu bringen sein. Ein solcher Treffer verursacht eine temporäre Wundhöhle, die einen massiven Gewebedruck auf die Wirbelsäule auslöst, diese aber nicht beschädigt. Ich selbst hatte einmal bei einer Riegeljagd einen solchen Treffer zu verzeichnen. Die Sau ging im Schuss über Kopf, rollierte und, nach kurzem Schlegeln, rappelte sie sich wieder auf und war weg. Leider war damals kein zweiter Schuss möglich. Gottlob kam diese 60 Kilo schwere Sau zwei Kilometer weiter einem anderen Jäger. Sie hatte etwas konfus gewirkt. Die Schusswunde bzw. der Schusskanal war relativ groß, das Muskelgewebe zerfranst und teilweise richtig weggeschossen. Trotzdem war die Sau gut auf den Läufen, wir hätten sie selbst mit einem guten Hund nicht mehr bekommen.

Den so oft propagierten „Kunstschuss“ hinter den Teller halte ich solcher Erfahrungen wegen für sehr gewagt. Meist wird bei schlechten Sichtbedingungen geschossen, und dann führt ein derartiger vermeintlicher „Küchenschuss“ schnell zur schwierigen Nachsuche.

„Todeszone“ beim Blattschuss auf ein Wildschwein.
Der Haltepunkt ist blau markiert. Trifft das Geschoß in diesem Bereich auf, so wird es den Keiler im Feuer verenden lassen.

Ausschuss und Anschuss

Ein gutes Büchsengeschoß für die Jagd muss einen Ausschuss gewährleisten. Damit sind Richtungsstabilität und Tiefenwirkung im Wildkörper einzufordern, wie schon an anderer Stelle erwähnt. Früher vertrat man die Meinung, dass jede Energie, die durch Ausschuss nicht im Wildkörper abgegeben worden ist, verlorene Energie sei. Heute fordern wir ausreichende Schusszeichen am Anschuss, und dazu muss eine bestimmte Ausschussgeschwindigkeit des Geschoßes vorhanden sein. Wenn das Geschoß wieder aus dem Wildkörper austritt, entsteht ein Sog, der bei entsprechender Geschwindigkeit sogar ganze Organe durch die vergleichsweise kleine Ausschussöffnung saugen kann. Viele Jäger werden schon eine ausgezogene Darmschlinge in einem Ausschussloch gesehen haben, etwa bei einem Weidwundschuss. Dieser Sog ist auch für die Verteilung des Schweißes verantwortlich, der dann auf dem Boden, auf Pflanzen oder manchmal auch auf Bäumen richtiggehend hingeschleudert aussieht.

Nach der ersten Flucht kann sich der Ausschuss bzw. die Haut dort durch die Bewegung der Schwarte oder Decke verschieben, sodass kein Schweiß mehr austritt – zumindest eine Zeitlang. Dies kann so lange dauern, bis sich die Kammer mit Schweiß gefüllt hat, den der ansteigende Druck im Innern dann nach außen drückt. Daher geht es bei der ausreichenden Tiefenwirkung nicht nur um das Erzeugen eines Ausschussloches, sondern auch darum, dass genügend Geschoßgeschwindigkeit übrig bleibt, damit ein Sog entsteht, der klare Anschusszeichen sicherstellt.

Häufig bleibt das Geschoß genau in der Schwarte oder Decke des Stückes unmittelbar vor dem Ausschuss stecken. Das ist kein Zufall. Immerhin hat das Geschoß den gesamten Wildkörper durchschlagen, und ausgerechnet bei der Haut bleibt es hängen. Warum?

Das Geschoß benötigt zum Durchschlagen der Haut im Bereich des Ausschusses sehr viel mehr an Energie und Geschoßgeschwindigkeit, als es beim Einschuss notwendig ist. Beim Einschuss wird die Decke aufgrund des Anliegens der Haut an den Muskeln durch das Geschoß richtig gequetscht. Damit benötigt das Geschoß relativ

Ausschuss und Anschuss.

Eine ausreichende Geschoßgeschwindigkeit beim Ausschuss verursacht genügend Schweiß am Anschuss.

Ausgezogene Darmschlinge.

Durch den Sog des Geschoßes beim Ausschuss können sogar ganze Organe aus dem Tierkörper gezogen werden. Hier ist es der Darm.

wenig an Durchschlagskraft, um die Barriere „Haut" zu überwinden. Beim Ausschuss hingegen muss das Geschoß die Haut gegen deren Dehnbarkeit durchdringen. Das Geschoß ist in dieser Phase möglicherweise schon recht langsam. Die Haut kann sich nach außen sicher über mehrere Zentimeter dehnen. Ist die Geschoßgeschwindigkeit beim Ausschuss zu niedrig, fehlen die nötige Energie und Geschoßgeschwindigkeit, um die Dehnung zu überwinden.

Ein Geschoß verursacht aber auch andere Spuren als nur Schweiß am Anschuss. Jagdbüchsengeschoße werden oft mit Scharfrand versehen, der – gerade beim Einschuss – Haare oder Borsten abtrennen soll, um den Anschuss zu markieren. Grundsätzlich hinterlassen Scharfrandgeschoße mehr Haare auf dem Anschuss als normale Geschoße ohne Scharfrand. Doch nicht immer kann man sicher sein, dass auch wirklich Haare am Anschuss zu finden sind. Das heißt: Auch bei gänzlichem Fehlen von Anschusszeichen darf nicht sofort auf einen Fehlschuss geschlossen werden. Und abschließend sei noch vermerkt: Die genaue Trefferlage nach den am Anschuss gefundenen Haaren zu erahnen, ist sehr schwierig.

Nun noch ein Fallbeispiel aus meiner eigenen Praxis: Bei einem von mir erlegten schwächeren Rothirsch konnte trotz Schneeunterlage kein Spritzer Schweiß gefunden werden. Die Fluchtstrecke dieses Hirsches betrug rund 70 Meter. Er hatte einen guten Blattschuss, allerdings ohne Ausschuss. Nach intensiver Suche fand ich am Anschuss zwei Schnitthaare und erst nach 40 Metern die ersten Tropfen Schweiß. Das von mir verwendete Geschoß im Kaliber .30-06 Sprf. – ein 11,7 g Nosler Ballistic Sprf. Tip – war vermutlich zu weich und hatte deshalb zu wenig Tiefenwirkung geliefert. Da es sich aber bei diesem Vorfall um einen Einzelfall handelte und ich kein weiteres Hochwild mit diesem Geschoß erlegt habe, ist eine allgemeine Beurteilung nicht zulässig.

Bei einer Analyse des Anschusses kann der erfahrene Jäger auf die Lage des Treffers schließen und sich dementsprechend verhalten. Finden wir Knochensplitter, etwa von Röhrenknochen, muss auf einen Laufschuss geschlossen werden. Bei Weidwundschüssen kann Panseninhalt oder Darminhalt am Anschuss gefunden werden. Diese Flüssigkeiten kann man auch riechen; sie können damit identifiziert und die Trefferlage zugeordnet werden.

Unterschiede bei verschiedenen Läufen?

Kann es sein, dass ein und dasselbe Geschoß bei der einen Büchse eine andere Wirkung hat wie bei einer anderen desselben Kalibers? Immer wieder wird das von Jägern berichtet.

Grundsätzlich muss bei solchen Berichten genau geprüft werden, ob tatsächlich dieselben Ausgangsparameter vorlagen. Es darf sich nicht um Einzelfälle handeln, sondern es muss System haben, das heißt, dass das Phänomen öfters zu beobachten ist. Grundsätzlich: Ja, es kann eine unterschiedliche Wirkung geben. Allein eine andere Lauflänge kann schon 5 bis 10 Prozent mehr Geschoßgeschwindigkeit bedeuten, und das wiederum kann sich in der Wirkung niederschlagen. Selbst wenn Kaliber, Geschoß, Geschoßgewicht, Geschoßgeschwindigkeit und selbst die Lauflänge der Büchse sowie der Haltepunkt am Wildkörper und die Schussentfernung ident sind, kann es Unterschiede geben, auch wenn die Wahrscheinlichkeit gering ist. Der Grund liegt im Laufprofil. In frühen Zeiten wurden Zug- und Feldprofil sehr unterschiedlich gefertigt. Dadurch kann es beim Einpressen des Geschoßes in den Lauf zu unterschiedlichen Laufprofilmarken am Geschoß kommen. Das heißt: Das Geschoß wird ein wenig „verletzt" bzw. vorgeschlitzt, wodurch die Deformation oder die Stabilität eines Mantelgeschoßes beeinflusst wird. Bei Solidgeschoßen beziehungsweise bleifreien Monolithgeschoßen, die durch das Laufprofil nicht verformt werden, wären zielballistische Unterschiede bei gleichen Ausgangsparametern allerdings nicht zu erklären.

„Selbst wenn Kaliber, Geschoß, Gewicht, Geschwindigkeit, Lauflänge, Haltepunkt am Wildkörper und Schussentfernung gleich sind, kann es Unterschiede in der Wirkung eines Geschoßes geben."

Hart oder weich? – Jedes Kaliber braucht sein Geschoß!

Das Verladen von einem bestimmten Geschoß in mehreren Kalibern mit unterschiedlichen Geschoßgeschwindigkeiten birgt die Problematik, dass sich bei zu weichen Geschoßen und zu hoher Rasanz das Geschoß regelrecht zerlegt, also fast vollständig aufbraucht. Jäger haben dann bei sogenannten Magnumkalibern immer wieder das Problem, dass die Tiefenwirkung nicht mehr gegeben ist, insbesondere bei stärkerem Wild. Das Geschoß gibt zwar am Beginn des Schusskanals sehr viel Energie ab, verliert damit aber an Masse und an Tiefenwirkung. Große Wildbretzerstörung im Bereich des Einschusses, selten oder nie erzielte Ausschüsse und schlechte Augenblickswirkung sowie lange Fluchtstrecken sind die Folge. Eigentlich erwartet der Jäger von einem Magnumkaliber eine bessere Wirksamkeit, erreicht aber möglicherweise das Gegenteil. Deswegen: Jedes Geschoß muss zu seinem Kaliber passen!

Bleiben wir in der Kalibergruppe .30 (7,62 Millimeter), die sich für Vergleiche sehr gut eignet. Wenn ein bestimmtes Geschoß im selben Geschoßgewicht für die .308 Win. und ebenso für die .300 Win. Mag. oder für sogar noch rasantere Kaliber (zum Beispiel .300 Weatherby Mag. oder .300 RUM) eingesetzt wird, stehen wir einem Geschoßgeschwindigkeitsunterschied von 180 bis 250 Meter pro Sekunde gegenüber. Damit erfährt das Geschoß bei den rasanten Kalibern im Wildkörper eine wesentlich höhere Verformung als bei der langsameren .308 Win. Das heißt aber auch, dass das Geschoß aufgebraucht und in Mikrosplitter zerlegt wird, wenn die Geschwindigkeit zu hoch ist. Ergebnis: eine unzureichende Tiefenwirkung. Schon bei mittelschwerem Wild ist dann kein Ausschuss mehr zu erwarten. Die Wildbretzerstörung steigt bis zur Verwerfung des Stückes, wenn bei der Jagd extrem rasante Kaliber mit zu weichen Geschoßen eingesetzt werden.

Ich kann mich nur zu gut an eine Erfahrung erinnern, die viele Jahre zurückliegt. Ich machte sie im Zuge einer Versuchsreihe. Ich hatte damals ein Deformationsgeschoß einfacher Bauart mit einem

Geschoßgewicht von nur 7,1 Gramm in einer .30-06 Sprf. geladen. Die Laborierung hatte ich am Beschussamt prüfen lassen. Knapp 1.050 Meter pro Sekunde betrug die Geschoßgeschwindigkeit, bei einer sehr guten Schussleistung. Das erste Stück, das ich damit erlegte, war ein Knopfbock. Es war Mitte Mai, der Bock hatte noch nicht verfärbt. Die Entfernung betrug knapp 100 Meter. Im Schuss brach der Bock blitzartig zusammen. Beim Aufbrechen sah ich dann die ganze Bescherung: Im Bereich des Schusskanals – der Schuss saß auf dem Schulterblatt – war es zu einer regelrechten Explosion des Geschoßes gekommen. Die Wildbretentwertung war enorm. Da ich Einzelfälle nicht für eine Beurteilung heranziehe, erlegte ich ein paar Tage später zwei Schmalgeißen mit derselben Laborierung. Beide Stücke waren bezüglich des Wildbrets ebenfalls hochgradig entwertet, und ich beendete den Test. Das Geschoß war für die Geschoßgeschwindigkeit viel zu weich!

Jedes Kaliber braucht also seine passenden Geschoße. Es ist nicht notwendig, an diesem Punkt viel herumzuphilosophieren. Bei der Auswahl von Geschoßen muss man nur ein paar Punkte beachten. Bei Geschoßgeschwindigkeiten über 850 Meter pro Sekunde Anfangsgeschwindigkeit rate ich nur zu „härteren" Geschoßkonstruktionen: Geschoße, die gebondet sind, also einen Geschoßkern mit thermisch oder chemisch verklebtem Mantel haben. Außerdem können Geschoße verwendet werden, die andere wirksame Deformationsstopps haben.

Nachstehend beispielhaft ein paar Vertreter solcher bleihaltiger Geschoße – ohne Anspruch auf Vollständigkeit:
Nosler Partition, Nosler AkkuBond, RWS H-Mantel, RWS DK, Sako Hammerhead, Blaser CDP, RWS Evo, Hornady Interbond usw.

Bei den bleifreien Geschoßen liegen die Dinge etwas anders. Grundsätzlich sind diese aufgrund des spezifischen Gewichtes leichter und rasanter und vom Ausgangsmaterial viel härter konstruiert. Damit eignen sie sich für hohe Geschoßgeschwindigkeiten besonders gut. Insbesondere ist das dann der Fall, wenn es sich um Vollkupfer- oder Vollmessinggeschoße handelt. Diese Geschoße haben eher das Problem, dass sie auf weite Schussentfernung sehr rasch an Geschwindigkeit verlieren und schlechtere Deformationstendenz zeigen.

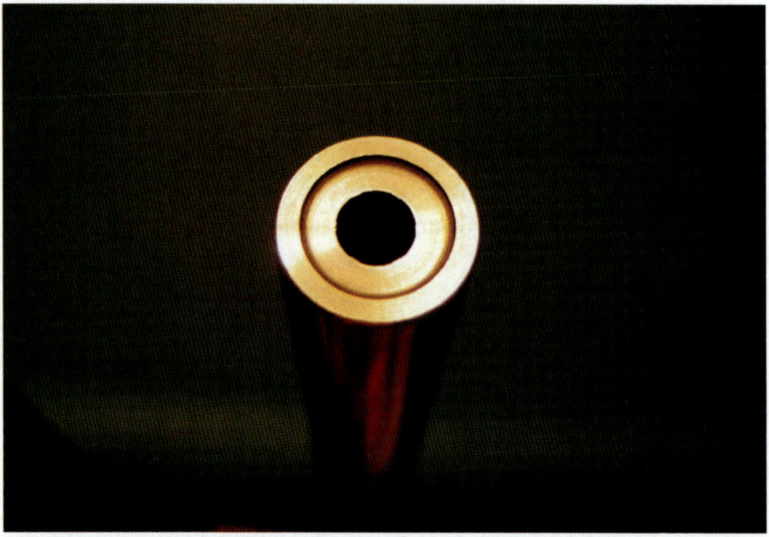

Jedes Kaliber braucht sein passendes Geschoß.
Bei Geschoßgeschwindigkeiten über 850 Meter pro Sekunde Anfangsgeschwindigkeit sind „härtere“ Geschoßkonstruktionen vorteilhaft.

Vertreter von solchen bleifreien Geschoßen sind:
Barnes TSX, Barnes TTSX, Barnes MRX, Sax KJG, Styria arms Aero, Lapua Naturalis, Hornady GMX, Sellier Bellot Exergy, Norma Kalahari, Nosler E-Tip, Brenneke TAG, Brenneke TIG, Brenneke TUG, RWS EVO Green, Remington Copper Solid, Jaguar – Labor für Ballistik usw.

Auch hier hat die Aufzählung keinen Anspruch auf Vollständigkeit. Es geht hier nur um die Geschoßkonstruktion.

Bleifreie Büchsengeschoße – eine neue Generation

Die Diskussion über den Wechsel des bislang hauptsächlich verwendeten Geschoßmaterials Blei auf andere nicht toxische Materialien wurde noch nie so intensiv geführt wie jetzt. Ursprünglich ging es gar nicht um die Suche nach einem „gesünderen" Geschoßmaterial. Es war vielmehr das Bestreben, modernere und effizientere Geschoße zu entwickeln. Daraus entstand dann die Bleifrei-Diskussion, und es begann die Suche nach einem möglichst gleichwertigen Ersatz.

Gesundheitsorganisationen fordern weltweit schon lange die Reduktion des Bleieintrages in die Umwelt. Nachdem wir Jäger hauptsächlich Blei in unseren Geschoßen verwenden, kam zwangsläufig der Zeitpunkt, an dem wir unter Druck kamen. Totfunde von Greifvögeln, wie etwa dem Fischadler oder dem Bartgeier, die – teils bestätigt, teils nicht – an einer Bleivergiftung durch Aufnahme von Aufbrüchen verendet waren, gossen zusätzlich Öl ins Feuer. Auch gab es Untersuchungen, wo im Wildbret von Schalenwild teils sehr hohe Einträge von Bleimikrosplittern nachgewiesen wurden. Es drohte ein Imageschaden für unser erstklassiges Lebensmittel „Wildbret" beim Endverbraucher bzw. der Gastronomie, und die Forderung nach Verzicht auf Blei bei den Geschoßen wurde lauter. Sicher ist: Wir können uns der Diskussion nicht mehr entziehen. Blei steht auf der Roten Liste, nicht nur bei Büchsengeschoßen, sondern ganz allgemein. Das ist nicht mehr zu ändern. Blei ist ein Auslaufmodell, auch wenn es mehrere Jahrhunderte für Jagdgeschoße eingesetzt wurde und offensichtlich dem Menschen nicht nachhaltig geschadet hat.

Lebensmitteluntersuchungen besagen, dass wir über die normale Nahrungsaufnahme zum Teil sehr hoch mit Blei belastete Lebensmittel aufnehmen. Blattsalate etwa oder andere uns gesund erscheinende Lebensmittel haben teils hohe Bleikontaminierung. Daran können wir als Konsumenten nichts ändern. Aber wir sollten jede zusätzliche wissentliche Aufnahme von Blei tunlichst vermeiden.

Wenn also die Voraussetzungen bei den bleifreien Geschoßen – Tötungswirkung, Systemverträglichkeit usw. – ähnlich oder gleich wie bei den bleihaltigen sind, macht der Umstieg jedenfalls Sinn.

Alternative bleifreie Geschoßmaterialien

Zunächst gab es bei der Entwicklung bleifreier Geschoße mehrere Richtungen. Die erste Entwicklungsrichtung war, dass man Blei durch Zinn ersetzte. Zinn gilt als lebensmittelecht. Diese Technologie verwendete einen ähnlichen Geschoßaufbau wie die bisherigen Deformationsgeschoße oder Teilzerlegungsgeschoße. Zinn hat ein sehr geringes spezifisches Gewicht (7,4 g/cm³), sodass bei gleicher Länge des Geschoßes dessen Gewicht eklatant geringer ist. Um eine ähnliche Geschoßenergie zu erhalten wie beim wesentlich dichteren Metall Blei (11,34 g/cm³), muss die Geschoßgeschwindigkeit deutlich rasanter sein. Die auf die schweren Geschoße abgestimmte Dralllänge im Lauf reicht offensichtlich auch für die leichteren, allerdings rasanteren Zinngeschoße aus. Verschiedene Waffen- und Munitionstests haben mich erfahren lassen, dass diese Geschoße eine überdurchschnittlich gute Schussleistung liefern. Streukreise mit unter 2 Zentimetern Durchmesser bei 5 Schüssen auf 100 Meter sind da keine Ausnahme mehr. – Diese Entwicklungsrichtung kommt unseren bisher verwendeten bleihaltigen Geschoßen sehr nahe, hat aber immer noch das Problem, dass der Geschoßsplittereintrag in das Wildbret leider im vollen Umfang bestehen bleibt. Es wurde somit nur das Blei durch das lebensmittelechte Zinn ersetzt.
Die zweite Schiene, die sich derzeit entwickelt, sind Kupfer- bzw. Tombak- (95 % Kupfer / 5 % Zink) oder Messinggeschoße, die aus einem einzigen Material gefertigt werden (Monolithgeschoße). Durch das spezifische Gewicht von 8,9 g/cm³ hat Kupfer etwas bessere Karten in der Hand als Zinn und ist bezüglich des Energietransfers geringfügig im Vorteil. Kupfer ist allerdings auch härter und zäher, was dann wiederum die Deformationseigenschaften verschlechtert. Wir Jäger verwenden Kupfer bzw. Kupferlegierungen schon sehr lange als Geschoßmantel. Kupfer ist ein Metall, das im menschlichen Organismus selbst vorkommt und auch aufgenommen werden kann. Kupfer wird als gesundheitlich unbedenklich

angesehen, was vorübergehend einmal bezweifelt worden war. Grundsätzlich sind derzeit bleifreie Deformationsgeschoße, die keine Splitter abgeben, die beste Lösung, was Geschoßmaterialien und den Eintrag von Fremdkörpern in das Wildbret betrifft. Auch bleifreie formstabile Geschoße wären in dieser Hinsicht sehr effizient. Sie taugen aber bislang leider für den jagdlichen Einsatz aus verschiedenen Gründen noch nicht genügend, wie an anderer Stelle erwähnt. Die Herausforderung an die Geschoßhersteller ist also, Geschoßkonstruktionen herzustellen, die möglichst wenig bis gar keine Splitter im Wildkörper hinterlassen und trotzdem genügend Tötungswirkung haben.

Unterschiede in der Innenballistik beziehungsweise Schussleistung?

Dralllänge

Die Dralllänge ist jene Länge, die ein Geschoß im Lauf zurücklegt, wenn es sich einmal um die eigene Achse dreht. Diese wurde in langjähriger Entwicklung auf das Gewicht der bleihaltigen Geschoße abgestimmt. Nach derzeitiger Erkenntnis funktionieren bleifreie Geschoße mit den bisherigen Dralllängen sehr gut. Die Geschoße werden durch die drallbedingte Rotation ausreichend stabilisiert und liefern zufriedenstellende, manchmal sogar hervorragende Schussleistungen. In wenigen Fällen kommt es aber auch zu Totalausfällen in der Schussleistung. Die Geschoße werden in so einem Fall nicht mehr stabilisiert, taumeln und schlagen nicht mehr exakt kopfvoran im Zielmedium auf. Auf dem Schießplatz erkennt man dies sofort an einem nicht kreisrunden Einschlag auf der Anschussscheibe. In so einem Fall hilft die Verwendung eines anderen bleifreien Geschoßes, möglicherweise eines Geschoßes mit Zinnkern, oder man ersetzt den Lauf durch einen mit anderer Dralllänge.

Einpresswiderstand

Probleme gab es im Anfang mit Vollkupfergeschoßen. Der Einpresswiderstand war bei ihnen sehr hoch, und der Gasdruck kletterte in

Gasdruck-entlastungsrillen.

Die in das Geschoß eingesetzten Rillen verringern den Einpress-widerstand in das Laufprofil und reduzieren somit die Gasdruck-spitzen.

Führband-Technologie.

Die dem Geschoß überstehenden Rillen werden in den Drall eingepresst und das Geschoß so in Rotation versetzt.

gefährliche Bereiche. Die Herstellerfirmen reagierten darauf, indem sie Rillen in die Geschoße einarbeiteten – sogenannte Gasdruck-entlastungsrillen. Einerseits wurde dadurch das Einpressmaterial reduziert und andererseits Platz für die Verdrängung des Materials durch das Laufprofil am Geschoß geschaffen.

Eine weitere Technologie ist die Führbandtechnik. Ähnlich wie bei der Artillerie werden dem Geschoß Führbänder angedreht, welche einen geringen Einpresswiderstand zur Folge haben und trotzdem das Geschoß mit guter Führung und Gasabdichtung in Rotation versetzen.

Chemische Laufreinigung

Wenn auf ein bleifreies Geschoß gewechselt wird, sollte der Lauf zunächst einer gründlichen chemischen Reinigung unterzogen werden. Auch bei bleihaltigen Geschoßen ist dies ein Thema und wird zumeist unterschätzt. Insbesondere bei sehr rasanten Kalibern und sehr harten Geschoßen (starker Geschoßmantel oder Querstege, wie etwa Nosler Partition usw.) können Kupferablagerungen im Lauf zu erheblichen Schussleistungsverschlechterungen oder sogar zur Überbelastung des Systems führen. Solche Ablagerungen machen sich oft durch Ausreißer im Schussbild bemerkbar.

Die Reinigung kann mit den herkömmlichen ammoniakhaltigen Metalllösungsmitteln durchgeführt werden. Allerdings gibt es auch „gesunde Lösungen“, die unter anderem von der Firma Fluna Tec in Wien angeboten werden. Bei der Anwendung des ammoniakhaltigen Lösungsmittels wird dieses auf eine kalibergenaue Bronzebürste geträufelt und der Lauf damit durchgewischt. Nach einer Einwirkdauer von zehn bis fünfzehn Minuten wird die Lösung mit dem aufgelösten Metallmaterial mittels Filzpfropfens entfernt. Besser für die Entfernung der Laufablagerungen ist allerdings ein Baumwollpatch mit kalibergenauem Patchhalter.

Bei der Anwendung des Laufreinigungsmittels von Fluna Tec wird der Lauf zuerst mit einem Kaltreiniger (GunDegreaser) entfettet. Am besten funktioniert dies mit einem Filzpfropfen (VFG Filzlaufreinigungssystem). Anschließend wird mit einem neuen Filzpfropfen die Reinigungspaste (GunCleaner) auf das Laufinnenprofil aufgetragen, und dann wartet man fünfzehn Minuten. Danach wird mit einer kalibergenauen Bronzebürste der Lauf mehrmals durchgereinigt. Zuletzt werden mit einem sauberen Filzpfropfen die Rückstände aus dem Lauf entfernt. Der Reinigungsvorgang kann je nach Grad der Ablagerung mehrmals durchgeführt werden. Nach zwei bis drei Behandlungen sollte der Lauf aber frei sein.

Equipment für chemische Reinigung.

Ein paar der auf dem Markt befindlichen ammoniakhaltigen und ammoniakfreien Lösungsmittel für die chemische Reinigung eines Büchsenlaufes.

Wechselschüsse

Bei bleifreien Geschoßen ist aufgrund des Geschoßabriebes im Lauf mit Wechselschüssen zu rechnen. Das bedeutet: Beim Umstellen von einem Geschoß auf ein anderes können Treffpunktlageveränderungen auftreten. Erst nach 7 bis 10 Schüssen nach einer chemischen Reinigung kann die tatsächliche Schussleistung der Büchse abgerufen werden. Bei manchen bleifreien Geschoßen habe ich bei der ersten Fünfergruppe einen Streukreis von 4 bis 5 Zentimetern im Durchmesser gehabt. Ab dem achten Schuss schoss die Büchse bei einer Schussentfernung von 100 Metern plötzlich auf 2 Zentimeter zusammen. Problem ist das keines, denn auf dem Schießstand sollten sowieso stets mehrere Schüsse zum Üben abgegeben werden. Zwei Laborierungen in ein und derselben Büchse abwechselnd einzusetzen, ist bei bleifreien Geschoßen nicht empfehlenswert. Der abwechselnde Einsatz von bleihaltigen und bleifreien Laborierungen während des laufenden Jagdbetriebes ist darüber hinaus vermutlich überhaupt nicht möglich, ohne die Schussleistung bzw. Treffpunktlage aufs Spiel zu setzen.

Ändert sich die Außenballistik?

Bleifreie Geschoße haben, wie gesagt, aufgrund der geringeren Dichte des Alternativmaterials ein anderes Ausgangsgewicht als bleihaltige. Die Entwicklung nimmt daher einen sehr interessanten Verlauf: Die Tendenz geht in Richtung einer enormen Steigerung der Anfangsgeschwindigkeit V_0 und Reduktion des Geschoßgewichtes. Nicht alle bleifreien Konstruktionen gehen zwar diesen Weg, aber der Trend geht dorthin. Mittelrasante Kaliber, wie die .308 Win. oder die 9,3×62, gewinnen dabei nicht unerheblich. Leider sinkt mit bleifreien und somit meist rasanteren und leichteren Büchsengeschoßen auch die Querschnittsbelastung, was wiederum zu einem größeren Geschwindigkeitsverlust auf größere Entfernungen führt. Mit 8,4 Gramm Geschoßgewicht ist für die .308 Win. schon eine V_0 von 940 Meter pro Sekunde erreichbar. Das heißt die Günstigste Einschuss-Entfernung (GEE) liegt je nach Geschoßform bei rund 185 Metern. Bei der 9,3×62 liegt die V_0 mit einem 10 Gramm-

Geschoß schon bis zu 980 Meter pro Sekunde, was zu einer GEE – je nach Geschoßform – von 195 Metern führt. Natürlich liefern rasantere Kaliber noch viel höhere Anfangsgeschwindigkeiten, welche zu noch flacheren außenballistischen Flugbahnen führen. Daher gewinnen wir Jäger bei bleifreien Geschoßen in der Regel durch flachere Flugbahnen und geringere Geschoßabfälle auf größere Entfernungen.

Und die Zielballistik?

Wie schon früher angeführt, haben bleifreie Geschoße manchmal das Problem, relativ rasch unter eine geschoßspezifische Grenzgeschwindigkeit zu fallen, die für eine ausreichende Tötungswirkung des jeweiligen Geschoßes noch ausreichend ist. Durch die nicht so dichten Materialien Kupfer, Tombak, Zinn, Messing verlieren die Geschoße rascher an Geschwindigkeit als ihre bleihaltigen Verwandten. Wenn dann noch eine stumpfe Geschoßspitze und ein hohes Geschoßgewicht mit fehlender Rasanz dazukommen, müssen beim Jäger die Alarmglocken läuten. In so einem Fall könnte es sein, dass die Tötungswirkung nur bis zu einer gewissen Schussentfernung ausreicht.

Daher wiederhole ich nochmals meine Forderung: Kennzeichnung der maximalen Schussentfernung auf der Munitionspackung, bei der das Geschoß noch ausreichend Tötungswirkung liefert!

Blitzartig umstellen auf bleifrei – ist das möglich?

Der Druck in Richtung Umstellung ist groß. Immerhin haben schon einige Firmen sehr gut funktionierende bleifreie Büchsengeschoße auf dem Markt, die natürlich auch dementsprechend beworben werden. Wenn Blei schon vom Markt verschwinden muss, dann kann dies nur durch funktionierende bleifreie Geschoße geschehen, die aus allen – oder zumindest fast allen – auf dem Markt befindlichen Büchsen sicher, zielorientiert und effektiv funktionieren müssen. Ich wiederhole das Wesentliche: Nicht nur ein paar Schusswaffen dürfen es sein, die mit bleifreien Geschoßen funktionieren, sondern ein

Großteil der Büchsen, sofern sie technisch in Ordnung sind. Die Entwicklung erfordert Zeit und mit Sicherheit eine Übergangslösung. Nur so können wir uns auf das neue Zeitalter der Bleifrei-Geschoße einstellen.

Bei der Umstellung von Blei auf alternative Geschoßmaterialien muss auch die Systemverträglichkeit gewährleistet sein, und es darf dabei keinesfalls zu einer Sicherheitsgefährdung kommen, weil die Büchse mit bleifreien Geschoßen nicht richtig funktioniert.
Ich fasse die Forderungen nochmals zusammen, die an ein bleifreies Geschoß gestellt werden:

- Bleifreie Büchsengeschoße müssen aus möglichst allen Büchsen (zumindest 90 Prozent) eine für die Jagd zufriedenstellende Schussleistung aufweisen.
- Bleifreie Geschoße müssen die Prämisse der verlässlichen Tötungswirkung an Tieren garantieren, ähnlich den bisher verwendeten Geschoßen.
- Auf der Munitionspackung muss angegeben sein, bis zu welcher Entfernung das jeweilige Geschoß eingesetzt werden darf. Zu diesem Zweck sind für alle Hersteller standardisierte Prüfverfahren und eine Prüfstelle einzurichten, welche die Tötungswirkung der Geschoße beurteilt.

Eine generelle Umstellung von bleihaltig auf bleifrei kann nach derzeitigem Stand nicht von einem Tag auf den anderen geschehen. Natürlich ist es bereits heute grundsätzlich ohne Probleme möglich, auf bleifreie Büchsengeschoße umzustellen. Nur sind dazu viel Wissen und Erfahrung bei der Auswahl des Geschoßes notwendig. In Unkenntnis der tatsächlichen Tötungswirkung, etwa auf weite Schussentfernungen, könnten viele abgegebene Schüsse zu Lasten des Wildes gehen. Bei Entfernungen bis etwa 100 bis 150 Meter dürfte die Tötungswirkung bei Schalenwild bei den meisten professionellen Herstellern bleifreier Geschoßlaborierungen bereits weitgehend ausreichen. „Menüfertig“ ist der Einsatz der „Bleifreien“ aber bei weitem noch nicht. Dem Jäger muss seitens der Hersteller – und auch seitens des Fachhandels – eine Menge seriöser Information geliefert werden, damit dieser „sein Geschoß" gemäß seinen Einsatzzwecken finden kann. Mittelfristig sollte dies kein Problem sein, kurzfristig wird es aber nicht gehen.

„Barrel fouling"

Unter diesem Ausdruck versteht man Laufablagerungen durch Metalle, wie etwa insbesondere durch Kupfer. Man kannte dieses Problem schon bei bleihaltigen Büchsengeschoßen. Bei den bleifreien Monolithgeschoßen kann das Barrel fouling ausgeprägter in Erscheinung treten. Auch bei den Hochpräzisionsbüchsen mit ihren sehr genauen Laufinnenmaßen ist das Problem seit langem bekannt. Kupferablagerungen im Lauf können zunächst zur Verschlechterung der Schussleistung der Büchse führen. Die Deutsche Versuchs- und Prüfanstalt für Jagd- und Sportwaffen (DEVA) führte dazu Untersuchungen durch und stellte fest, dass es nach einer bestimmten Anzahl von Schüssen zu Laufablagerungen kam, wodurch das Geschoß einen anderen Einpresswiderstand bekommt. Weitere Schüsse können diese Ablagerungen regelrecht hinausschießen, was kurzfristig wieder zu einer Verbesserung der Schussleistung führt. Wie weit diese Ablagerungen zu einer Gasdrucksteigerung führen und damit für den Schützen gefährlich werden können, ist noch nicht exakt nachgewiesen. Untersuchungen in diese Richtung laufen derzeit noch. Bei manchen Kalibern, etwa der .243 Win., weiß man allerdings, dass es im Übergangskonus zu derart intensiven Ablagerungen kommen kann, dass Beschussgasdrücke (30% über dem Gebrauchsgasdruck) erreicht werden und es dann für den Schützen gefährlich wird. Leider gibt es keine gesicherten Aussagen, ab wann dieser Effekt des Barrel fouling eintritt.

Nach neuesten Untersuchungen ist auch das verwendete Treibladungspulver für die Ablagerungen im Lauf mitverantwortlich. Dem Pulver beigemengte Additive (Zusätze) können die Anbindung des Materials an die Laufwand wesentlich hintanhalten. Fehlen sie, so sind stärkere Laufablagerungen zu erwarten. Leider gibt es bisher auch hier noch keine Kennzeichnung auf den Packungen, ob im Pulver Additive zur Verhinderung von Laufablagerungen beigemengt sind.

Bei der chemischen Reinigung des Büchsenlaufes zur Entfernung der Ablagerungen empfehle ich als Richtwert: jeweils nach etwa 30 Schüssen. Dieser Wert ist aber relativ, da der Geschoßabrieb mit dem Kaliber zu tun hat. Je rasanter die Geschoße beschleunigt werden, umso öfter sollte gereinigt werden. Dies gilt sowohl für bleihaltige als auch für bleifreie Büchsengeschoße.

Die Reinigung ist recht einfach von jedem Jäger selbst durchzuführen.

„Sowohl für bleihaltige als auch für bleifreie Geschoße gilt: Je rasanter das Geschoß, umso öfter sollte gereinigt werden. “

Umstellung auf bleifrei – Studie Nationalpark Gesäuse

Im Nationalpark Gesäuse in der Steiermark entschloss man sich im Jahr 2012, nur noch mit bleifreien Büchsengeschoßen zu jagen. Die Büchsen der Berufsjäger wurden auf bleifrei umgestellt. Ich war sehr gespannt, wie das Ganze in der Praxis vonstattengehen würde.

Als fachlicher Leiter des Projektes war für mich zunächst die Geschoßauswahl zu treffen, um dann zügig die Umstellung durchführen zu können. Entscheidend bei der Geschoßauswahl war für mich zunächst die Verfügbarkeit der Munition. Sie musste in gleichbleibender Qualität jederzeit lieferbar sein. Auch sollte möglichst alles vom selben Hersteller sein, um einem Wildwuchs an Geschoßen vorzubeugen.

Ich entschied mich für die Entwicklungsrichtung „leichtes Geschoßgewicht und rasante Geschwindigkeit“. Das passte zum Anforderungsprofil des Bergreviers.

In den Kalibern .22-250 Rem., 9,3×64, 6,5×57, .223 Rem. und .243 Win. fiel die Wahl in der ersten Phase auf Laborierungen des Sax Kupferjagdgeschoßes – einem Teilzerlegungsgeschoß – zwischen 3 und 10 Gramm. Für die Kaliber .25-06 Rem. und .270 Win. wurde die Federallaborierung Vital Shok mit dem Barnes TSX Geschoß in den Geschoßgewichten 100 und 130 grain gewählt.

Ablauf der Umstellung

Bevor auf eine bleifreie Laborierung umgestellt wurde, unterzogen wir die Läufe einer umfassenden gründlichen chemischen Reinigung. Dann ging es darum, auf dem Schießplatz die Schussleistung der Büchsen sicherzustellen. Nach 10 bis 15 Schüssen stand fest, dass alle Büchsen bis auf eine mit den neuen Laborierungen eine ausreichende Schussleistung lieferten. Die Büchse, bei der es Probleme gab, war eine .243 Win. Bei ihr wurde das Sax Kupferjagdgeschoß nicht ausreichend stabilisiert und schlug als Querschläger in der Scheibe ein. Und das, obwohl ein anderer Berufsjäger die absolut baugleiche Steyr-Büchse führte, welche eine jagdlich ausreichende Schussleistung brachte. Schuld war eine unterschiedliche Dralllänge des Büchsenlaufes, also ein innenballistisches Problem. Es musste auf eine andere Laborierung umgestiegen werden. Die Wahl fiel auf die Federallaborierung Barnes TSX 85 grain – ein Deformationsgeschoß.

Grundsätzlich lieferten die Büchsen der acht Berufsjäger hervorragende bis gute Schussleistungen. Die Streukreise von 25 bis 40 Millimeter Durchmesser mit Munition „out of the box“ waren jagdlich absolut zufriedenstellend. Diese Schussleistungen waren allerdings auch notwendig, da der Nationalpark im Hochgebirge liegt und zwangsläufig auch mit großen Schussentfernungen zu rechnen war. Im Lauf der Zeit zeigte sich, dass bei zwei Büchsen – nach etwa 40 Schuss mit Barnes TSX und Sax-KJG – doch öfters chemisch nachgereinigt werden musste. Insbesondere auf größere Entfernung waren Ausreißer zu verzeichnen. Auf dem Schießstand wurde das Problem erkannt und nachgereinigt, und die ursprüngliche Schussleistung stellte sich wieder ein.

Jede Erlegung von Schalenwild (Rotwild, Gams, Reh und „Sonstiges“, wie etwa durchwechselnde Wildschweine) wurde mittels Abschussprotokoll genau dokumentiert. Viele Parameter waren einzutragen. Letztlich wurden die Fluchtstrecken des Wildes verglichen, unter Berücksichtigung der Ausgangsbedingungen. Aus dem Feldversuch konnten wir daher genau ablesen, wie gut die Tötungswirkung des jeweiligen Geschoßes war.

Wir verglichen auch die bleifreien Laborierungen mit den früher verwendeten bleihaltigen. Dazu griffen wir auf die langjährige Erfahrung der Berufsjäger mit den bleihaltigen Geschoßen zurück, erstellten Protokolle und stellten die Ergebnisse jenen der bleifreien Geschoße bzw. Laborierungen gegenüber. Das war mir wichtig, und ich wusste, dass ich mich auf die jahrzehntelange Erfahrung der Berufsjäger hinsichtlich der früheren Fluchtstrecken des Wildes, das mit bleihaltigen Geschoßen erlegt worden war, verlassen konnte.

In der ersten Phase der Anwendung der bleifreien Geschoße gab es Probleme mit der Tötungswirkung der Barnes TSX Geschoße. Insbesondere ab 150 Metern und auf stärkeres Wild – meistens Rotkahlwild – wurden die Fluchtstrecken eklatant höher. Jene .243er, die schon mit den Sax-Geschoßen nicht funktioniert hatte und auch auf Barnes TSX Geschoße umgerüstet worden war, musste wegen mangelnder Tötungswirkung abermals auf ein anderes Geschoß umgestellt werden. Die Wahl fiel letztlich auf das Lapua Naturalis mit 5,8 Gramm. Das Problem aber bezüglich der Tötungswirkung blieb auch da bestehen. Bei Schüssen ab 140 Metern stiegen die Fluchtstrecken derart rapid an, dass wir das Lapua Naturalis (wie auch alle Barnes TSX Geschoßlaborierungen) aus dem Programm nahmen. Letztlich wurde für die etwas problematische .243er die Laborierung der Firma Barnes VOR-TX mit dem 80 grain schweren Barnes TTSX Geschoß ausgewählt. Diese Laborierung funktionierte dann zuverlässig und lieferte auch überdurchschnittlich gute Schussbilder.

Zusammenfassung

Die Umstellung auf bleifreie Büchsengeschoße hat im Nationalpark Gesäuse grundsätzlich gut geklappt. Allerdings darf diese Aussage nicht darüber hinwegtäuschen, dass anfänglich Probleme mit der Tötungswirkung und bei einer Büchse auch Probleme mit der Schussleistung aufgetreten sind.

Nach den bisherigen Erfahrungen kann ich sagen, dass die Teilzerlegungsgeschoße der Firma Sax KJG in einigen Kalibern grundsätzlich gut funktionierten. Die Fluchtstrecken waren ähnlich wie vor der Umstellung, die Tendenz beim Ausschuss war in Ordnung, und auch die Schusszeichen am Anschuss waren ausreichend. Insbesondere in den Kalibern .22-250 Rem. und 9,3×64 brachte das Geschoß fast eine bessere Tötungswirkung als die bis dahin verwendeten bleihaltigen. Zum Kaliber .22-250 Rem. muss noch dazugesagt werden, dass vor der Umstellung eine überdurchschnittlich hohe Wildbretentwertung zu beklagen war. Mit den härteren Kupferteilzerlegungsgeschoßen wurde es in dieser Hinsicht deutlich besser. Auch auf größere Entfernungen war in den angeführten Kalibern die Tötungswirkung beim Sax Kupferjagdgeschoß durchaus zufriedenstellend.

Nun noch ein paar Eckdaten bzw. Erfahrungen mit den verschiedenen Geschoßen:

- **Kaliber .22-250 Rem.**

Sax Kupferjagdgeschoß HS 3 Gramm, Teilzerlegungsgeschoß:
Erlegt wurde damit schwaches Rotwild bis maximal 80 Kilogramm, Gamswild, Rehwild und sogar ein Wildschwein. Die Schussdistanz erstreckte sich bis maximal 264 Meter. 91 Prozent der Stücke lagen am Anschuss, also innerhalb von 15 Metern. Alle Stücke verendeten innerhalb der geforderten 50 Meter. Mit 88 Prozent Ausschuss waren die Werte für das leichte Sax KJG-HS Geschoß sehr gut.

Barnes TSX:
Das Geschoß Barnes TSX, laboriert von der Firma Federal, überzeugte überhaupt nicht. Große Fluchtstrecken waren fast Standard. Nicht nur bei Schussentfernungen von über 150 Metern trat dieses Problem vermehrt auf, auch auf Entfernungen um die 100 Meter entsprach das Geschoß nicht den Erwartungen der Berufsjäger. Fazit: Dieses Geschoß hat sich in den angeführten Kalibern in meiner Studie im Nationalpark Gesäuse nicht bewährt.

Lapua Naturalis:
Die Laborierung des bleifreien Deformationsgeschoßes Naturalis von Lapua überzeugte ebenfalls nicht. Nur in der .243 Win. verwendet, leistete das Geschoß bis auf 120 Meter bei Reh und Gams zufriedenstellende Ergebnisse in puncto Tötungswirkung. Ab 120 Meter ließ die Tötungswirkung stark nach, bei steigenden Wildbretgewichten wuchs dieses Problem noch weiter an. Das Geschoß verliert offensichtlich sehr rasch an Geschwindigkeit und kann die anfängliche Performance nicht lange halten.

Barnes TTSX:
Das Deformationsgeschoß Barnes TTSX war zur Überraschung aller ein ausgereiftes und effizientes Jagdgeschoß. Sukzessive stellten wir mehrere Büchsen auf dieses Geschoß um, mit sehr zufriedenstellender Tötungswirkung.

Kaliber .243 Win.

Barnes TTSX 80 grain:
Erlegt wurde mit dem bleifreien Deformationsgeschoß schwaches Rotwild, Gamswild und Rehwild. Die maximale Schussentfernung erstreckte sich bis auf 270 Meter. 72 Prozent der Stücke lagen am Anschuss innerhalb von 15 Metern. 87 Prozent der Stücke verendeten innerhalb der geforderten 50 Meter Fluchtdistanz. 89 Prozent Ausschüsse waren in diesem Kaliber ein Topwert.

Darüber hinaus wurden die Geschoße bzw. Laborierungen auch hinsichtlich ihrer Tötungswirkung bei steigendem Wildbretgewicht und steigendender Schussentfernung analysiert. Bei der Analyse wurden Gewichte von aufgebrochen „bis 50 Kilo" und „über 50 Kilo" unterschieden, bei den Schussentfernungen „bis 150 Meter" und „ab 150 Meter". Erwartungsgemäß war mit steigendem Wildbretgewicht und zunehmender Schussentfernung eine Zunahme der Fluchtstrecke feststellbar. Tendenziell vergrößerte sich die Fluchtstrecke bei steigendem Wildbretgewicht mehr als bei steigender Schussentfernung. Dies war überraschend, da doch das bleifreie Geschoß bei größeren Entfernungen mehr an Geschwindigkeit verliert als das bleihaltige. In diese Auswertung wurden jene Geschoße, die keine gute Tötungswirkung erbracht hatten, nicht mehr miteinbezogen.

Die Studie zeigt, dass bereits sehr brauchbare bleifreie Büchsengeschoße am Markt sind. Leider gibt es aber auch viele, bei denen Tötungswirkung, Funktion und Zusammenspiel mit der Büchse zu wünschen übrig lassen. Auch die Berufsjäger bestätigten: Sobald man „sein" bleifreies Geschoß gefunden hatte, ging die Jagd genauso weiter wie vorher. Die wichtigste Aussage der Berufsjäger bezog sich auf die Trefferlage: dass bei einem guten Kammerschuss die Fluchtstrecken ähnlich waren wie bei den bleihaltigen Geschoßen, ein paar Problemfälle ausgenommen. Da alle erlegten Stücke zerwirkt und vermarktet wurden, konnte die Wildbretentwertung ebenfalls beurteilt werden. Das Wildbret wurde grundsätzlich nicht mehr entwertet als mit bleihaltigen Geschoßen. Bei sehr hohen Geschoßgeschwindigkeiten, wie etwa im Kaliber .22-250 Rem., war sogar eine auffallend geringere Wildbretentwertung zu erkennen. Das Kühlgewicht (ausgelöstes Wildbret) der Stücke lag im Jahresschnitt bei den bleihaltigen Geschoßen bei 48 Prozent des Körpergewichtes in aufgebrochenem Zustand und bei den bleifreien bei 50 Prozent. Es gab also insgesamt praktisch keine Veränderung in der Wildbretentwertung zwischen bleihaltiger und bleifreier Munition, obwohl der Haltepunkt nunmehr genau auf der Schulter des Blattes gewählt wurde.

Die Untersuchung unterstrich auch die Notwendigkeit sehr rasanter Geschwindigkeiten bei bleifreien Geschoßen. Teilzerlegungsgeschoße bringen bei mäßiger Geschoßgeschwindigkeit – wie bei etwas größeren Entfernungen der Fall – etwas mehr Tötungswirkung als reine bleifreie Deformationsgeschoße. Bleifreie Deformationsgeschoße benötigen beim Auftreffen auf den Wildkörper hohe Rasanz. Bewährte Geschoße, wie etwa das Barnes TTSX, gepaart mit rasanten Kalibern, funktionieren in der Jagdpraxis sehr gut. Bei langsamen oder mäßig rasanten Kalibern muss die Schussentfernung entsprechend reduziert werden.

Wer viel auf stärkeres Wild jagt und sichergehen will, dass die Tötungswirkung passt, sollte mit bleifreien Büchsengeschoßen eine Kalibergruppe höher greifen oder hochrasante Kaliber einsetzen. Waren vorher 6,5 oder 7 Millimeter die Standardkaliber, braucht es mit bleifreien Büchsengeschoßen bei stärkerem Wild nun eher die 8-Millimeter-Kaliber oder hochrasante .30er-Kaliber.

Entscheidend bei einem Umstieg auf „bleifrei“ ist, dass man nicht nur das Geschoß für sich bewertet, sondern immer die Rasanz des Kalibers miteinbezieht. Damit ist auch die Mitbewertung der Büchse ein Thema, denn Lauflänge, Drallwinkel, Zustand des Laufes usw. werden in Zukunft maßgebliche Parameter sein, mit denen sich die Jäger und vor allem die Fachhändler auseinandersetzen müssen. Seitens der Munitionshersteller und der Jagdverbände ist dahingehend noch einige Arbeit zu leisten: Bei ersteren geht es vor allem um relevante Informationen auf der Patronenschachtel, bei zweiteren um Aufklärung der Jäger. Dann wird die Umstellung keine großen Probleme bringen. Die brauchbaren bleifreien Geschoße gibt es jedenfalls schon.

Gibt es besonders wildbretschonende Jagdgeschoße?

Grundsätzlich benötigt ein gutes Geschoß für den Jagdeinsatz ausreichende Tötungswirkung. Rasch verenden wird ein Tier, wenn genügend mechanische Zerstörung im Wildkörper erreicht wird. Daher ist immer mit Wildbretverlust zu rechnen. Die Frage ist also nur: „Wie viel kann man bei der Wildbretentwertung dem Geschoß zurechnen und wie viel verursacht die Trefferlage an sich?" Nach den heutigen Grundsätzen der Wildbrethygiene gibt es hinsichtlich des Haltepunktes eine ganz klare Ansage: mitten aufs Blatt. Das ist der einzig richtige Weg zur Gewinnung qualitativ hochwertigen Wildbrets.

Was den Zusammenhang zwischen Geschoß und Wildbretentwertung betrifft, so sind für eine geringe Wildbretentwertung viele Parameter verantwortlich. Nachstehend die wichtigsten:

– Die Geschoßgeschwindigkeit sollte nicht über 850 Meter pro Sekunde liegen (V_0).

– Je höherer die Rasanz, desto härter und stabiler gegen Zerlegung müssen die Geschoße sein.

– Reine Deformationsgeschoße verursachen tendenziell aufgrund der nicht vorhandenen Splitterwirkung weniger Wildbretentwertung. Sie gelten als die „saubersten"

– Die Trefferlage am Wildkörper darf ausschließlich durch die Kammer führen. Einschuss und Ausschuss müssen in diesem Bereich liegen. Daher ist ein Schuss auf ein nicht breitstehendes Stück winkelmäßig beschränkt.

– Ein- und Ausschüsse sowie Muskelfleisch, das durch den Schusskanal mechanisch zerstört wurde, müssen großflächig ausgeschärft werden, vor allem bei bleihaltigen Geschoßen. Besser, es geht ein bisschen mehr Fleisch verloren, als das gesamte Wildbret ist durch Bakterien kontaminiert.

„Hinsichtlich des Haltepunktes gibt es heute eine ganz klare Ansage: mitten aufs Blatt!“

Ein bestimmtes Geschoß hinsichtlich einer geringen Wildbretentwertung zu empfehlen, ist aufgrund der unzähligen verschiedenen Kaliber und Geschoßtypen nicht möglich. Eine Tendenz gibt es aber schon: Bei bleihaltigen Geschoßen ist eine geringere Wildbretentwertung eher bei langsameren oder mäßig beschleunigten Projektilen zu erwarten und bei bleifreien eher bei rasanteren, aber dafür wesentlich härteren Geschoßen.

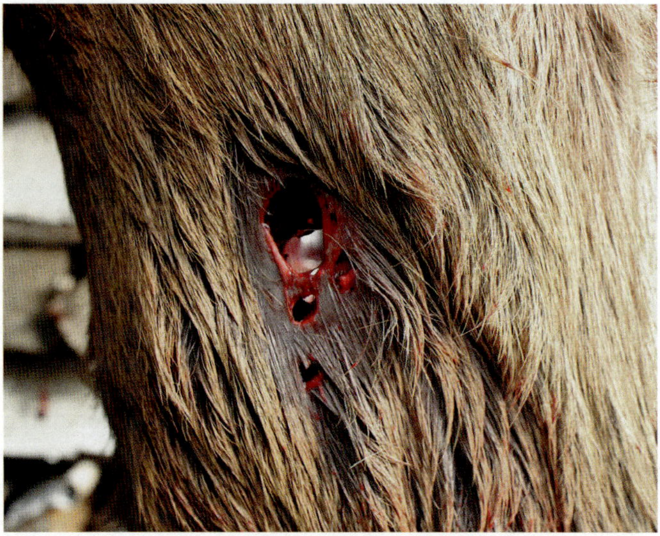

Splitter neben Ausschuss.

Je höherer die Rasanz, desto härter und stabiler gegen Zerlegung müssen die Geschoße sein.

Welche Geschoße für die Riegeljagd?

Bei Riegeljagden handelt es sich meist um den Schuss auf sich bewegendes Wild – grundsätzlich eine sehr schlechte Voraussetzung für eine gute gleichmäßige Trefferlage. Aber damit braucht nicht gleich die Jagdart insgesamt in Frage gestellt werden. Es ist vielmehr eine Frage des Könnens und damit des Trainings des Jägers. Hier geht es nicht nur um die Sicherheit, sondern es ist auch eine Frage der Ehre jedes einzelnen Jägers. Wer eine Einladung zur Riegeljagd mit „Ja“ beantwortet, sagt gleichzeitig auch „Ja“ zum Schießtraining!

Trotzdem bleibt es immer eine schwierige Aufgabe, auf sich bewegendes Wild einen sauberen Kammerschuss anzubringen. Daher müssen wir in jedem Fall die Effektivität und damit die Tötungswirkung der Geschoße erhöhen, um auch bei einem etwas schlechteren Treffer Reserven zu haben. Dies führt zwangsläufig zunächst einmal zur Wahl eines stärkeren Kalibers. Bei Riegeljagden sollten jedenfalls nicht Kaliber unter 7 Millimeter verwendet werden. Auch sollte das Geschoß eine eher stumpfe Spitze aufweisen, da diese – meiner Erfahrung nach – den Geschoßimpuls beim Aufschlag auf dem Wildkörper etwas verstärkt, verbunden mit einer besseren Augenblickswirkung und deutlichem Schusszeichen. Bei mittleren Geschoßgeschwindigkeiten bis etwa einer V_0 von 800 Metern pro Sekunde kann das Geschoß einen einfachen Aufbau aufweisen, ein Teilmantelgeschoß einfacher Bauart sein. Bei höheren Geschoßgeschwindigkeiten sollten bei Riegeljagden moderne Verbundgeschoße – gebondet oder mit Deformationsstopps – verwendet werden. Bei bleifreien Büchsengeschoßen sind es die Deformationsgeschoße, die in puncto Sicherheit zu empfehlen sind, da sie keine Splitter bilden. Leider hinken diese in der Tötungswirkung den Teilzerlegern etwas nach. Eher nicht geeignet sind formstabile Solidgeschoße, sofern deren Verhalten im Wildkörper nicht genau bekannt ist. Es geht hier um die Richtungsstabilität, die wiederum zur Einschätzung des Kugelfanges unbedingt notwendig ist. Gerade formstabile Büchsengeschoße mit lang ausgezogener Spitze bringen keine verlässliche Richtungsstabilität.

Flintenlaufgeschoße.
Flintenlaufgeschoße neigen zu größeren und unkalkulierbaren Abprallwinkeln, weswegen sie für Riegeljagden weniger geeignet sind.

Auch der Einsatz von Flintenlaufgeschoßen ist umstritten. Sie neigen zu größeren und unkalkulierbaren Abprallwinkeln, weswegen sie für Riegeljagden weniger geeignet sind. Ein weiterer Aspekt beim Einsatz von Flintenlaufgeschoßen ist die Kombination mit Büchsenkalibern. Durch die unterschiedliche Geschoßgeschwindigkeit erfordert es vom Schützen eine wesentlich höhere Schießfertigkeit, um die unterschiedlichen Vorhaltemaße im Griff zu haben und saubere Blattschüsse zusammenzubringen.

Welche Geschoße für die Bergjagd?

Die Bergjagd erfordert oft einen Schuss auf größere Entfernung. Daher eignen sich für diese Jagdart Geschoße mit einem guten ballistischen Koeffizienten (BC-Wert). Der BC-Wert gibt an, wie gut das Geschoß den Luftwiderstand überwindet. Eine geringe Querschnittsfläche, eine aerodynamisch günstige Geschoßform und eine große Masse des Geschoßes ergeben einen hohen BC-Wert. Der BC-Wert kann für jedes Geschoß eruiert werden und wird dem Jäger vom Hersteller als Beurteilungskriterium zur Verfügung gestellt. Nachstehend ein Beispiel für die Unterschiede, die der BC-Wert bei der Berechnung der Flugbahn ausmacht, bei identischer Geschoßform:

Kaliber 7×64 Brenneke TIG 11,5g (Bleikern) TIG (BC 0,356)			Brenneke TIG Nature 8,3 g (Zinnkern) TIG Nature (BC 0,187)	
V_0		850 m/s		930 m/s
100 m	+ 4,0 cm	766 m/s	+ 4,0 cm	765 m/s
200 m	– 3,8 cm	687 m/s	1,0 cm	619 m/s
300 m	– 32 cm	613 m/s	– 38 cm	491 m/s

Bei eindeutig höherer Anfangsgeschwindigkeit des Geschoßes „Brenneke TIG Nature“ ist das viel schwerere Geschoß „Brenneke TIG“ bereits auf 200 Meter auf der Überholspur und kommt auf 300 Meter mit immer noch 613 Meter pro Sekunde gegenüber nur mehr 491 Meter pro Sekunde bei der „Brenneke TIG Nature“ an. Der Flugbahnabfall des schweren Geschoßes liegt bei 32 Zentimetern, der des langsam gewordenen „Brenneke TIG Nature“-Geschoßes bei fast 40 Zentimetern.

Verwendet der Jäger ein stumpfes, leichtes Geschoß mit einem schlechten, also niedrigeren BC-Wert in einem Magnumkaliber, so kann eine ähnlich flache Flugbahn bei einem Standardkaliber erreicht werden, wenn damit ein Geschoß mit hohem BC-Wert verschossen wird. Vielleicht kann damit viel Geld und Aufwand gespart werden, und aus einem Standardkaliber wird möglicherweise eine Kaliber–Geschoß–Kombination für die Bergjagd. Natürlich steht die Eignung von Magnumkalibern für die Bergjagd außer Frage. Aufgrund der rasanten Geschoßbeschleunigung bei einer „Magnum" hat der Jäger mehr Spielraum bei der Auswahl des Geschoßes bzw. des Geschoßgewichtes.

Ein weiteres Kriterium ist der Einfluss des Seitenwindes. Dabei steht ganz eindeutig Folgendes fest: Aerodynamisch sehr günstige Geschoßformen mit spitzen Geschoßspitzen und schweren Gewichten (guter BC-Wert) sind gegenüber leichten und abgeflachten Geschoßspitzen oder offenen Hohlspitzen klar im Vorteil.

Welche Geschoße für die Nachsuche?

Meistens geht es bei Nachsuchen um Schalenwild, weswegen zunächst die Kaliberwahl zu klären ist. Bei angeschweißtem Wild werden, wie erwähnt, lebenserhaltende Hormone im Körper ausgeschwemmt. Damit wird die Geschoßwirkung deutlich herabgesetzt. Man muss daher bei Nachsuchen zu leistungsstarken Kalibern greifen. Die Rasanz ist nebensächlich, denn die Schussentfernungen sind meist gering. Kurzläufige Büchsen sind aufgrund ihrer Führigkeit perfekt, und der Markt hält solche speziellen Nachsuchenbüchsen bereit. Für den kurzen Lauf eignet sich zum Beispiel die .308 Win. sehr gut, aber auch andere Kaliber, insbesondere die 8×57 IS (IRS) sowie die 9,3×62.

Grundsätzlich sollten Geschoße für die Nachsuche möglichst wenig Splitter bilden sowie rasch im Wildkörper ansprechen. Geschoße wie Sako Hammerhead, Geco Plus, Norma Oryx oder das LFB-Nachsuchengeschoß, usw. – Aufgrund der etwas geringeren Abpralltendenz bleihaltiger Büchsengeschoße auf kurze Distanzen sind diese Geschoße bei Nachsuchen im Vorteil. Wenn bleifreie Büchsengeschoße verwendet werden, dann sollten Geschoße mit möglichst wenig Splitterbildung zum Einsatz kommen. Bleifreie Deformationsgeschoße eignen sich dabei besser als bleifreie Teilzerlegungsgeschoße.

> *„Stichwort Splitterwirkung: Bleifreie Deformationsgeschoße eignen sich für die Nachsuche besser als bleifreie Teilzerlegungsgeschoße!“*

II.

Kugelfang

Kugelfang, ein notwendiges Minimum

Der Einsatz der Büchse bei der Jagd erfordert nicht nur den bewussten und sicheren Umgang mit ihr, sondern es bedarf auch eines fundierten Wissens über die Leistungsfähigkeit, Energieübertragung und Wirkung von Jagdbüchsengeschoßen. Wir Jäger sind die einzigen Menschen, die Jagdbüchsen ohne Leistungseinschränkung im offenen Gelände verwenden dürfen. Wir können kreuz und quer im Revier Schüsse abgeben, ohne Einholen einer Genehmigung, sofern wir natürlich jagdausübungsberechtigt sind. Auf einem Schießstand herrschen ganz andere Voraussetzungen. Dort müssen Vorkehrungen getroffen sein – wie Blenden oder Wälle –, damit kein Geschoß das Gelände verlassen kann.

Nehmen wir einmal an, auf einer Riegeljagd wird eine Fläche von 150 Hektar bejagt. Im Zuge dieser Jagd können sich in diesem Gebiet gut und gern hundert Personen und mehr aufhalten. Gibt es neben den angestellten Jägern auch noch Durchgehschützen, sind Schussabgaben in und aus dem Trieb möglich, also in alle Richtungen. Und unbeteiligte Naturnutzer, die sich zufällig im Trieb oder in der Nähe aufhalten, verschärfen die Situation noch zusätzlich. Alle Jäger tragen Büchsen, die ein hohes Leistungspotenzial haben, damit sie den Anforderungen einer Riegeljagd hinsichtlich Tötungswirkung gerecht werden können. Der Energietransfer einer Jagdbüchse beträgt bis zu 5.000 Joule und darüber.

Erinnern wir uns, was an früherer Stelle gesagt worden ist: dass bei jeder Schussabgabe das Geschoß und dessen Fragmente bzw. Sekundärsplitter sicher neutralisiert und „entsorgt“ werden müssen. Alle Beteiligten an der Jagd und alle in der Nähe befindlichen Personen vertrauen auf diese gefahrlose „Entsorgung“ aller Geschoßteile. Die Grundlage dafür ist ein geeigneter und ausreichend großer Kugelfang. Fahrlässiges Denken Marke „Es wird schon nichts passieren“ hat hier keinen Platz. Manchmal hört man nach riskanten Schüssen nicht nachvollziehbare Rechtfertigungen. Und da muss man ganz deutlich sagen: Durch nichts, aber schon gar nichts, kann ein Schuss ohne ausreichenden Kugelfang auch nur ansatzweise gerechtfertigt werden!

Sau von links!
Rundherum Kugelfang – beste Voraussetzung für einen Büchsenschuss.

Sau von rechts!
Auch hier passt der Kugelfang – grünes Licht für den Schuss.

Definition Kugelfang

Fehlschuss und unbeabsichtigte Schussabgabe

Unter einem Fehlschuss versteht man eine relativ geringe Treffpunktlageveränderung vom gewollten und anvisierten Haltepunkt. Das kann ein Unter- oder Überschießen des Stückes bedeuten, selten wird vorn oder hinten vorbeigeschossen, ausgenommen beim Schuss auf flüchtendes Wild. Ich selbst definiere den Fehlschuss als Schussabgabe, der ein Schützenfehler (Abzugsfehler, Visierfehler, usw.) zugrunde liegt. Der Fehlschuss wird das Wild nur knapp verfehlen, sodass der Geschoßeinschlag maximal 1 bis 2 Meter vom Stück entfernt erfolgt.

Alle Schüsse, bei denen das Geschoß das Wildtier um mehrere Meter oder noch weiter verfehlt, sind keine Fehlschüsse mehr, sondern unbeabsichtigte Schussabgaben. Bei Unvermögen des Schützen, seine Büchse zu führen, handzuhaben und bei der Jagd einzusetzen, kann auch ein noch so großer Kugelfang das Geschoß nicht neutralisieren. Fehlschüsse können selbst dem besten Jäger passieren. Unbeabsichtigte Schussabgaben hingegen sind immer ein Ausdruck mangelnder Übung und dem Schützen anzulasten.

Keiler im Schnee.

Da ist genügend Kugelfang vorhanden. Der Schuss kann nur bei einer unbeabsichtigten Schussabgabe über den Horizont gehen, und das heißt: bei einem krassen Fehler in der Handhabung der Büchse.

Wie viel Kugelfang muss vorhanden sein?

Um die Geschoßenergie bei einem möglichen Fehlschuss zu neutralisieren, muss zunächst genügend Kugelfang rund um das Wildtier vorhanden sein. Das heißt: Nach allen Seiten rund um das Stück ist Kugelfang notwendig. Wie viel Kugelfang letztlich rund um das Wildtier vorhanden sein muss, hängt davon ab, wie weit der Kugelfang vom beschossenen Stück entfernt ist. Ist er sehr knapp hinter dem Stück, reichen ein bis zwei Körpergrößen Kugelfang rundherum. Je weiter der Kugelfang vom Stück entfernt ist, desto größer muss er sein, um das Primärgeschoß, Splitter oder Fragmente aufzunehmen und zu entsorgen. Nachdem die Splitter nach Austritt aus dem Wildkörper nicht richtungsstabil sind und einen nicht kalkulierbaren Abgangswinkel haben, muss der Kugelfang also entweder möglichst knapp hinter dem Stück liegen oder sehr groß sein.

Allerdings muss ein Kugelfang auch in seiner gesamten notwendigen Größe einsehbar sein. Wenn sich dort Personen aufhalten, müssen diese auch wahrgenommen werden können. Ein Kugelfang, der sehr weit hinter dem Tier liegt, suggeriert oft Sicherheit. In Wahrheit wird ein Kugelfang, der 200 Meter hinter dem Stück liegt, zwar subjektiv als vorhanden wahrgenommen, ist aber kein geeigneter Kugelfang. Insbesondere in Stresssituationen – und das ist eine Schussabgabe –, können Menschen oder Tiere auf solchen Flächen kaum wahrgenommen werden. Daher: Geschossen werden darf nur, wenn möglichst knapp hinter dem Stück Kugelfang vorhanden und vor allem in seiner gesamten Fläche einsehbar ist.

Wie viel Kugelfang braucht man? Bei diesem Sommerkeiler reicht er jedenfalls nicht. Er ist sehr weit vom Stück entfernt und kann nicht eingesehen werden. Die Kugel bleibt im Lauf.

Abpraller und Querschläger

Von einem Abpraller spricht man dann, wenn das Geschoß auf dem Weg zum Ziel durch ein Hindernis gestört wird, aber trotzdem seinen Weg in Richtung Ziel rotationsstabil fortsetzt. Der Stoß durch das Hindernis führt zunächst zu einer komplizierten kegelförmigen Bewegung und vorübergehenden Unruhe des Geschoßes. Aufgrund der trotz Stoß meist kaum reduzierten Rotationsgeschwindigkeit setzt es kopfvoraus und rotationsstabil seinen Weg in Richtung Ziel fort. Durch den Kontakt mit einem Hindernis ist meist eine Richtungsänderung verbunden. Wie groß sie ist, hängt zwangsläufig vom Medium ab, das die Störung verursacht. Handelt es sich um ein massives Hindernis, so kann das Geschoß kippen und zu einem Querschläger werden. Hier wird die Sache unkalkulierbar und gefährlich. Wer das Surren eines nicht mehr rotationsstabil fliegenden Geschoßes bei einer Jagd schon einmal gehört hat, weiß, wovon ich spreche.

Querschläger können auch vorkommen, wenn das Geschoß von Haus aus keinen oder zu wenig Drall bei der Beschleunigung erfahren hat. In diesem Fall fliegt das Geschoß bereits ab Verlassen der Laufmündung instabil und niemals mit der Längsachse in Flugrichtung.

In der Büchsengeschoßkonstruktion wird immer Richtungsstabilität beim Durchgang durch das dichte Medium Wildkörper angestrebt. Ein modernes Jagdgeschoß verhält sich richtungsstabil – von den auf Seite 64 ff. beschriebenen Ausnahmen abgesehen. Es kommt daher zu keinen großen Richtungsänderungen. Ein Abprallen des

Nasse Wiese.

Flache Auftreffwinkel und zusätzlich ein nasses Medium verursachen Abpraller und führen zu einer Gefährdung des Hinterlandes.

Geschoßes an einem Wildkörper ist demnach nicht möglich. Beim Auftreffen auf große Knochen oder Gelenke allerdings kann das Geschoß eine – eher geringe – Richtungsänderung erfahren.

Woraus der Kugelfang beschaffen ist, hat zwangsläufig die größte Auswirkung auf die Abpralltendenz eines Geschoßes oder dessen Splitter. Harter Boden, Steine, ein nasses Medium, flache Auftreffwinkel, um nur ein paar Faktoren zu nennen, sind immer ungünstige Umstände, um das Geschoß oder dessen Fragment als Kugelfang aufzunehmen.

Gefährdungsbereich

Büchsengeschoße fliegen je nach Kaliber, Geschoß usw. bis an die 5.000 Meter weit. Bei Hochrasanzkalibern und Geschoßen mit hohem BC-Wert kann die Reichweite noch größer sein. Anders als beim Schrotschuss, bei dem nur der Kurzschuss tödlich ist, sprechen wir beim Büchsenschuss entlang der gesamten Flugbahn von einer tödlichen Wirksamkeit des Projektils. Im Klartext: Das stabil fliegende Büchsengeschoß kann noch nach 5.000 Metern und mehr in einen Menschen oder ein Tier eindringen.

Auch der Gefährdungsbereich eines Abprallers kann sehr groß sein – bei günstigen Voraussetzungen kann er sogar den maximalen Gefährdungsbereich des „normalen“ Schusses erreichen.

Geschoße, die an verschiedenen Hindernissen abprallen, instabil werden, taumeln oder sich völlig um ihre Querachse drehen, verlieren durch den hohen Luftwiderstand rascher an Geschwindigkeit. Demnach reduziert sich der Gefährdungsbereich wesentlich. Der tatsächliche Gefährdungsbereich von solchen instabilen Geschoßen kann nicht festgemacht werden und daher muss auch hier mit dem maximalen Gefährdungsbereich gerechnet werden.

Geschoßsplitter oder Sekundärsplitter haben einen wesentlich reduzierteren Gefährdungsbereich. Allerdings kann man ihn nicht genau bestimmen, da Größe, Form und Energietransfer bei Splittern und Fragmenten unterschiedlich sind. Unterschätzt dürfen solche Splitter aber nicht werden. Selbst nach Austritt aus dem Wildkörper können sie noch nach Hunderten Metern Entfernung für Mensch und Tier tödlich sein.

Abprallverhalten von Büchsengeschoßen

Um einer Antwort näherzukommen, wie ein Kugelfang einzuschätzen ist, müssen wir zunächst wissen, wie sich Büchsengeschoße nach Kontakt mit unterschiedlichen Medien verhalten.

Gewachsener Boden

Gewachsener Boden ist schlechthin der beste und sicherste Kugelfang für Büchsengeschoße. Auch bei sehr harter und trockener Bodenbeschaffenheit können diese durch ihre hohe Penetrationswirkung in den Boden eindringen. Damit ist eine Entsorgung des Geschoßes und der Splitter weitestgehend gefahrlos möglich – der Grundvoraussetzung für einen Schuss im Revier. Bei sehr flachen Winkeln kann es dennoch zu Abprallern kommen. Insbesondere bei gefrorenen oder sehr durchnässten Böden können bei flachem Schusswinkel Abpraller entstehen. Stumpfe Auftreffwinkel sorgen am sichersten für eine gefahrlose Aufnahme der Geschoßenergie.

Auch der Bodenaufbau spielt dabei eine Rolle. Steine oder harter Untergrund, wie etwa Wege oder Straßen, können das Eindringen des Geschoßes in den Boden erschweren oder ganz verhindern. Im Zuge der Untersuchung des Abprallverhaltens von bleihaltigen und bleifreien Büchsengeschoßen (DEVA, Beat Kneubuehl) zeigte sich bei verschiedenen Kalibern und Geschoßen, dass ausnahmslos alle Geschoße ab einem Einschusswinkel von 10 Grad in „weichen Boden“ – er wurde künstlich aufgebaut – eindrangen und damit gefahrlos entsorgt wurden. Bei Schusswinkeln von 5 und 2,5 Grad gab es eine Tendenz zu Abprallern. Das heißt: Ein Jäger muss zum Beispiel bei einem Fehlschuss im Liegendanschlag auf einer nassen flachen Wiese mit einem Abpraller rechnen. Auch bei einem Treffer werden das Restgeschoß bzw. dessen Fragmente und Splitter nicht in den flachen Boden eindringen können. Daher ist in einem solchen Fall unbedingt ein Gegenhang oder eine Geländeerhöhung für einen sicheren Schuss notwendig.

Flacher Schusswinkel.

Kein Kugelfang nach oben und noch dazu ein flacher Auftreffwinkel des Geschoßes – das kann einen Abpraller geben! Daher: Der Schuss ist hier nicht möglich.

Grashalme

Kein Schweiß, keine Schnitthaare – oft sind am Anschuss keinerlei Schusszeichen zu finden. Alles weist auf einen Fehlschuss hin. Manchmal keimt da der Verdacht auf, das Geschoß habe einen Grashalm gestreift oder getroffen. Der Grund des vermeintlichen Fehlschusses scheint damit gefunden.

Ich habe die Probe aufs Exempel gemacht und eine Untersuchungsreihe in den Kalibern .308 Win. und .222 Rem. durchgeführt. Ergebnis: keinerlei Abweichung des Geschoßes bei Kontakt mit einem Grashalm. Die Schussentfernung betrug 80 Meter. Um den Haltepunkt der Büchse nicht zu verändern, wurde durch einen Hilfshaltepunkt die Möglichkeit geschaffen, durch das Grasbüschel zu schießen, ohne das Zielfernrohr umjustieren zu müssen. Mit diesem Haltepunkt wurden je Kaliber zwei Schüsse ohne Hindernis kontrollgeschossen. Danach wurden je Kaliber zwei Schüsse durch das Grasbüschel hindurch auf die Scheibe abgegeben, wobei die Grasbüschel 10 und 60 Meter vor der Scheibe aufgestellt waren. Je nach Kaliber trennten die Geschoße 4 bis 12 Grashalme ab. Wie man auf dem Foto unten sieht, lagen alle Schüsse durch die Halme im Streukreis der Kontrollschüsse. Die Fünf-Cent-Münze zeigt den Haltepunkt und verdeutlicht die gute Schussgruppe der insgesamt 12 Schüsse aus zwei Büchsen. Verwendet wurden Bleifreigeschoße im Kaliber .308 Win. Barnes TTSX 130 grain mit einer V_0 von 940 Metern pro Sekunde und bleihaltige Geschoße im Kaliber .222 Rem. Nosler Ballistic Tip 55 grain mit einer V_0 von 910 Metern pro Sekunde.

Schuss durchs Gras.

Durch dieses Grasbüschel wurden die beiden Geschoße im Kaliber .308 Win. Barnes TTSX 130 grain nicht abgelenkt.

Keine Treffpunktveränderung.

Schussgruppe nach 12 Schüssen durchs Gras mit zwei Kalibern: keinerlei Ablenkung. Die Fünf-Cent-Münze zeigt den Haltepunkt.

Man kann aus diesem Versuch schließen, dass Grashalme ein Geschoß nicht wesentlich ablenken und auch nicht deformieren können – auch nicht, wenn sie schon nach 20 Metern durchschossen werden. Im Nahbereich der Mündung können Grashalme ohnedies nicht getroffen werden, da die dem Geschoß vorauseilenden Pulvergase diese wegdrücken. Nach ein paar Metern ist dieser Effekt allerdings vorbei. Ab dann ist der Kontakt des Geschoßes mit einem Grashalm möglich.

Trotz dieser Erkenntnis darf ein Schuss auf ein durch Grashalme, Getreidehalme oder Schilfhalme verdecktes Stück Wild nicht riskiert werden. Bei Kontakt mit vielen solcher Halme könnten möglicherweise geringfügige Treffpunktverlagerungen auftreten. Die Dosis macht das Gift. Daher ist und bleibt der Schuss in ein Getreidefeld unweidmännisch und rücksichtslos. Ein weiteres Problem ist dabei der in hoher Vegetation nicht genau zu erkennende Haltepunkt. Die Schussabgabe wird dadurch zu einem Schuss ins Blaue.

Da ein Büchsengeschoß im Gras oder Getreide eine große Strecke durch die Halme durchschlägt, muss hinter solchem Bewuchs ein geeigneter Kugelfang sein, der das Geschoß aufnimmt. Wenn schon der Rehbock in der Vegetation kaum sichtbar ist, dann wird der Jäger auch nicht mit Sicherheit sagen können, dass dahinter ein ausreichender Kugelfang gegeben ist, und von dessen Einsehbarkeit kann auch keine Rede sein.

Fazit: Der Schuss in ein Getreidefeld oder in eine hohe Wiese ist zu vermeiden. Und in Fällen, in denen man Grashalme als Ursache für einen Fehlschuss vermutet, sollte man unbedingt einen Hund zur Abklärung der Sache heranziehen.

Maisfeld

Und wie liegen die Dinge beim Mais als Kugelfang? Können Maispflanzen ein Büchsengeschoß stoppen? – Diese Frage ist eigentlich leicht mit „nein" zu beantworten! Trotzdem gibt es immer noch Schützen, die bei einer Mais-Treibjagd auf Schwarzwild einfach in den Trieb schießen, also ins Maisfeld. Schüsse durch 25 Meter Maisfeld können Büchsengeschoße nicht beeindrucken. Dies zeigten von mir durchgeführte Versuche in den Kalibern .270 Win.

(Nosler Partition 8,4 g), .308 Win. (Barnes TTSX Deformationsgeschoß 8,4 g) und .300 Win. Mag. (200 gr./12,96 g Norma Oryx). Alle Geschoße wurden durch ein 25 Meter breites Maisfeld geschossen, wobei zahlreiche Stängeln, Blätter und Kolben getroffen wurden. Alle Geschoße erreichten richtungsstabil die nach dem Mais aufgebauten Testscheiben. Keine Splitter konnten im Kaliber .300 Win. Mag. (Norma Oryx) und ebenso im Kaliber .308 Win. (Barnes TTSX) in der Testscheibe gefunden werden. Beim Nosler Partition waren einige Splitter sowie das Primärgeschoß auf der Testscheibe ersichtlich.

Mais suggeriert offensichtlich Sicherheit, er ist aber – wie auch Energieholz, Schilf oder ähnliche Bewuchselemente – für einen Kugelfang völlig ungeeignet. Daher darf bei einer Treibjagd auf Schwarzwild ein Schuss nur nach außerhalb des Triebes erfolgen, sofern dort geeigneter Kugelfang besteht. Jeder Schuss ins Maisfeld ist grob fahrlässig und verantwortungslos, da Menschen oder Tiere darin nicht wahrgenommen werden können und die Durchschlagskraft unserer Büchsengeschoße eine tödliche Gefahr bedeutet. Dies gilt im vollen Umfang auch für Flintenlaufgeschoße.

Stauden, Sträucher, Gebüsch

Der Schuss durch Stauden, Sträucher oder Gebüsch ist ein heißes Diskussionsthema bei Jägerstammtischen, und da hat jeder Jäger sein individuelles unverwundbares Büchsengeschoß, das ohne Beeinträchtigung durch jedes Gebüsch oder Gesträuch donnert. Zu diesem Thema hat es viele Versuche namhafter Ballistiker gegeben. Derartige Versuche sind sehr schwer aufzubauen und lassen nur allgemeine Rückschlüsse zu. Meiner Erfahrung nach – und das deckt sich mit internationalen Erkenntnissen – gibt es kein Jagdbüchsengeschoß, das gegen den Kontakt mit den angeführten Pflanzen immun ist. Hinsichtlich der Ablenkung nach Kontakt mit Stauden sind stumpfe Geschoßformen am gutmütigsten und erfahren im Vergleich zu eher spitzförmigen Geschoßen eine geringere Richtungsänderung. Sehr günstig wäre ein zylindrischer Geschoßkopf. Ein solcher ist aber in Bezug auf die Außenballistik und funktionellen Vorgaben einer Büchse für den jagdlichen Einsatz nicht brauchbar. Geschoße mit ogivaler Geschoßform (spitz ausgezogen, aerodynamisch) sind für eine Geschoßablenkung anfälliger. Auch *wo* ein Ast oder Holzstab getroffen wird, spielt bei der Abpralltendenz eine Rolle. Je weiter am Rand der Stab getroffen oder gestreift wird, desto größer ist der Abgangswinkel des Geschoßes. Bei einem glatten Direkttreffer in der Mitte ist hingegen fast keine Ablenkung feststellbar. Tendenziell kann man sagen: Eine Vergrößerung des Durchmessers und der Masse des Geschoßes sowie eine stumpfe Geschoßspitze tragen zu einer Verringerung der Ablenkung bei. Eine Deformation des Geschoßes wird durch Kollision mit Stauden oder Holzstäben kaum eingeleitet. Die Geschoße bleiben nach der Berührung grundsätzlich massestabil. Allerdings führt sie sehr häufig zu einem Trudeln und zu einer Instabilisierung des Geschoßes. Quergestellte Geschoße habe ich in meinen Versuchen genügend festgestellt, und dies bereits 4 Meter nach dem Kontakt mit einem fingerdicken Holzstab.

Für uns Jäger bedeutet das: Jagdbüchsengeschoße können bei einem Schuss durch Stauden, Sträucher oder Gebüsche instabil werden. Solche instabil fliegenden Geschoße treffen auf dem Wildkörper nicht kopfvoran auf und erzielen auch nicht die gewollte Wirkung bzw. Wundballistik. Ablenkung und Splitterbildung halten sich zwar in Grenzen, fallen aber bei einem weiteren Kontakt mit einem Hindernis umso größer aus. Mehrfachabpraller passieren bei solchen Schüssen sehr häufig und können zu gefährlichen Querschlägern mit großen Richtungsänderungen werden.

Gut gedeckt. Ein Schuss durch derartiges Staudenwerk ist nicht zu verantworten.

Fazit: Da wir den Schuss durch Stauden, Sträucher oder Gebüsche in seinem weiteren Verlauf nicht einschätzen können, muss er unbedingt vermieden werden. Auch als Kugelfang eignen sich Stauden Sträucher oder Gebüsche nicht, da sie von Büchsengeschoßen und auch von Flintenlaufgeschoßen weitreichend durchschlagen werden können.

Bäume

Der Kontakt eines Büchsengeschoßes mit Bäumen verursacht je nach Auftreffwinkel eine relativ geringe Richtungsänderung. Ein paar Grad unterschiedlicher Abgangswinkel durch den Abpraller müssen einkalkuliert werden. Auch die Holzart spielt dabei eine Rolle. Es ist eben ein Unterschied, ob ein Geschoß eine Fichte oder eine Eiche streift oder trifft. Allerdings kann ein Büchsengeschoß in den Baum eindringen, es prallt nicht daran mit großem Abgangswinkel ab. Durch den Kontakt mit dem Holz wird das Geschoß jedoch deformiert. Teilzerlegungsgeschoße separieren ihre Splitter, welche bei einem Randtreffer am Baum auch eine Richtungsänderung erfahren. Die meisten Büchsengeschoße erreichen gerade einmal 30 Zentimeter an Tiefenwirkung, es gibt kaum ein Geschoß, das diesen Wert in Holz überschreitet.

Was bedeutet dies alles für die Einschätzung des Kugelfanges? Beim Schuss in Richtung Bäume oder Wald – gleich welcher Stärke (auch Altholz) – braucht man als Kugelfang trotzdem gewachsenen Boden. Man sollte es nicht für möglich halten, wie weit ein Geschoß durch einen Altholzbestand fliegen kann. Büchsengeschoße prallen an Bäumen in sehr geringen Ablenkwinkeln ab, im Mittel weniger als 2 Grad. Die maximalen Abpraller gingen bei einem 2011 durchgeführten Test (DEVA und Beat Kneubuehl) immer noch in einem kleineren Winkel als 20 Grad ab.

Wie erwähnt, neigen Flintenlaufgeschoße viel mehr zum Abprallen als Büchsengeschoße. In den zuvor angeführten Versuchen wurde ermittelt, dass bleihaltige Flintenlaufgeschoße selbst an Fichten bis zu 30 Grad Abgangswinkel bis zum Auftreffpunkt erreichen. Bei bleifreien Flintenlaufgeschoßen machte dieser Wert bis zu 15 Grad aus. Mehrfachabpraller und härtere Holzarten wie Eiche, Buche oder Ahorn sind da noch gar nicht berücksichtigt. Aus diesem Grund sind Flintenlaufgeschoße für Riegeljagden nur wenig geeignet, da die Gefahr einer bedeutenden Richtungsänderung allein schon durch Kontakt mit einem Baum sehr groß ist. Insbesondere Durchgehschützen sollten bei Riegeljagden aus Sicherheitsgründen keine Flintenlaufgeschoße verwenden. Nachdem sowieso immer ausreichender Kugelfang gegeben sein muss, kann auch in diesem Fall eine Büchse geführt werden. Sie ist im Trieb sicherer, als es die unkalkulierbaren Flintenlaufgeschoße sind.

Harte Böden – Wege und Straßen

Befestigte Wege haben naturgemäß einen Unterbau, der das Befahren mit schweren Fahrzeugen ermöglicht. Zu diesem Zweck werden

Soll man Schützen an Wegen anstellen?

Eine Schützenreihe an diesem Weg mit Dickung an beiden Seiten birgt ein hohes Sicherheitsrisiko. Ein Schuss abseits des Weges ist fast nicht möglich, und auch Linieren ist vorprogrammiert.

Schotter und Splitt so geschichtet und verdichtet, dass eine feste und befahrbare Fahrebene entsteht. In solche Bereiche können Büchsengeschoße nur schwer eindringen, womit die Abpralltendenz rapid ansteigt. Da auch größere Steine eingearbeitet werden, kann de facto niemand vorhersagen, in welchem Abgangswinkel ein Geschoß weiterfliegen wird, das auf einen solchen Weg trifft. Paradoxerweise steigt der Abgangswinkel des Geschoßes an, wenn das Geschoß mit stumpfem Winkel auf solch einen harten Untergrund auftrifft und nicht eindringen kann. Bei 10 bis 15 Grad steilem Auftreffwinkel kommen so gleich einmal 30 bis 35 Grad Abgangswinkel zustande. Genau vorhersagen kann da aufgrund der Verschiedenheit der Beschaffenheit des Unterbaues und der Vielzahl an Geschoßen niemand etwas.

Fazit: Befestigte Wege bieten keine günstigen Voraussetzungen hinsichtlich des Kugelfanges. Es ist immer mit Abprallern zu rechnen. Grundsätzlich sollten wir befestigten Wegen in Sachen Kugelfang aus dem Weg gehen. Das heißt: Das Anstellen von Schützen entlang eines Weges, der beidseits von einer Dickung gesäumt wird (womit nur mehr im Bereich des Weges geschossen werden kann), sollte aus Sicherheitsgründen längst der Vergangenheit angehören.

Splitterbildung nach einem Wildkörpertreffer

Splitter oder Geschoßfragmente können den Wildkörper durchschlagen. Obwohl deren Energie nach Austritt aus dem Wildkörper sehr reduziert ist, kann es zu schweren bis tödlichen Verletzungen bei Mensch und Tier kommen. Die folgenden zwei Beispiele zeigen, wie unabdingbar ein geeigneter Kugelfang hinter dem Wild ist und wie wichtig es ist, den Schuss bei ungünstigen Voraussetzungen zu unterlassen.

Fallbeispiel 1: Splitterbildung bei einem Rehkitz

Im Zuge einer Birsch auf Rehwild ereignete sich Folgendes: Eine Gais stand mit zwei Kitzen auf einer Wiese. Die Entfernung betrug

etwa 60 Meter. Die Gais stand ganz links, das erste Kitz, auf das der Schuss letztlich angetragen wurde, stand 5 Meter weiter rechts und 8 Meter näher bei mir. Auf den Schuss zeichnete das Kitz gut, aber im Feuer blieb überraschenderweise die Gais. Sie schlegelte relativ lang und verendete schließlich. Das Kitz war mit einem guten Blattschuss noch etwa 25 Meter weit gegangen, dann auf der freien Wiese rolliert und ebenfalls verendet. Eine mysteriöse Sache!
Danach stellte sich heraus: Die Kugel hatte das Kitz knapp hinter der Blattschaufel gefasst. Das Stück war völlig breit gestanden, der recht starke Ausschuss lag genau auf der gegenüberliegenden Seite. Eine Handbreit neben dem Ausschuss befand sich eine weitere kleine Wundöffnung, die von einem Geschoßsplitter stammte. Und dieser Splitter hatte das Haupt der Geiß getroffen. Am Kieferast ansetzend hatte er den gesamten Schädel und auch die Hirnkapsel durchschlagen. Gefunden habe ich diesen Splitter nicht.

Der Vorfall illustriert, wie sorgfältig man bei der Beurteilung des Kugelfanges vorgehen muss. Und dass man mit ins Kalkül ziehen muss, dass ein Splitter nach Durchschlagen des Wildkörpers eine Richtungsänderung mit sehr großem Abgangswinkel vollziehen kann.

Detail am Rande: Die Büchse, die ich damals führte, war eine Remington 700 im Kaliber .30-06 Sprf., das Geschoß ein Hornady Interlock SP mit 150 grain Geschoßgewicht bei einer V_0 von knapp 900 m/s.

Fallbeispiel 2: Splitterbildung bei einem Wildschwein

Beim Ansitz auf Schwarzwild kam mir bei noch gutem Licht eine Sau über die freie Wiese. Ich war gleich skeptisch, da ich schon mit freiem Auge sah, dass mit dieser Sau etwas nicht stimmte. Sie zog auf drei Läufen, ein hinterer Hammer fehlte. Ich erlegte sie. Die nähere Untersuchung des Geschoßkanals bei der alten Verletzung zeigte, dass ein oder mehrere vermutlich große Geschoßsplitter diese Verletzung verursacht hatten. Infolge der schweren Verletzung durch diese Splitter hatte die Sau in der Folge den Hinterlauf verloren.

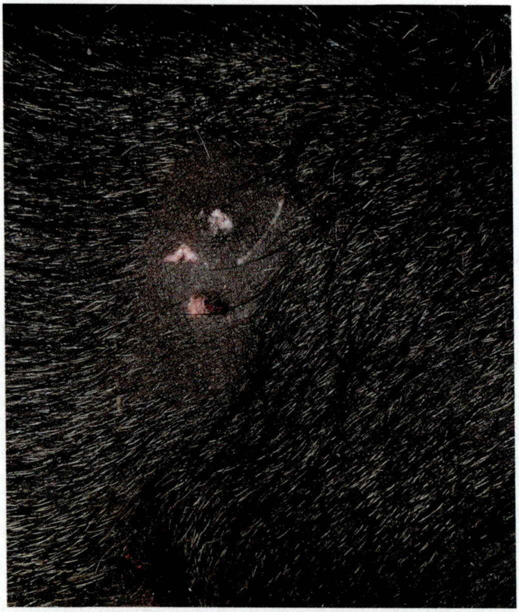

Drei Geschoßsplitter auf dem Blatt eines Wildschweines.

Das Bild zeigt deutlich die Splitterbildung auf der Ausschussseite der Sau. Geschossen wurde mit einem Teilzerlegungsgeschoß SAX KJG-SR.

Welche Energie solche Splitter in sich bergen, zeigen die geschilderten Fälle. Geschoßsplitter nehmen aufgrund ihres geringen Gewichtes zwar sehr rasch an Energie ab, allerdings sind sie im Nahbereich brandgefährlich. Da die Größe eines Splitters oder Fragmentes nicht vorhersehbar ist, kann der „Nahbereich“ schon auch einmal einige hundert Meter betragen. Zudem ist keine Richtungsstabilität gegeben. Dies erinnert uns wieder daran: Wir müssen ausreichend Kugelfang haben, bevor wir an einen Schuss denken dürfen, und auch genügend Platz hinter dem zu beschießenden Stück einräumen, um andere Stücke nicht zu gefährden.

Haben bleifreie Geschoße ein anderes Abprallverhalten?

Schon bald nach Einsetzen der Bleifrei-Diskussion keimte rasch der Verdacht, dass bleifreie Geschoße in ihrem Abprallverhalten wesentlich gefährlicher sind als bleihaltige. Die DEVA kam bei ihren diesbezüglichen Untersuchungen unter anderem zu folgenden Ergebnissen:

- Das Abprallverhalten bleifreier Geschoße unterscheidet sich nicht signifikant von dem bleihaltiger.
- Die Ablenkwinkel sind im Mittel gering (weniger als 2 Grad). Die extremsten Seitenwinkel betrugen immer noch weniger als 20 Grad.
- Von der Tendenz her haben bleifreie Geschoße eine höhere Restmasse und damit einen hohen Energieerhalt. (Auch bleihaltige Geschoße können aber konstruktionsbedingt eine hohe Restmasse mit hohem Energieerhalt haben.) Die Reichweite von Abprallern bleifreier Geschoße ist aufgrund des hohen Geschoßrestgewichtes tendenziell höher als bei bleihaltigen; sie steht aber auch in unmittelbarem Zusammenhang mit dem Kaliber.
- Moderne bleihaltige Geschoße (starker Mantel, gebondet, usw.) verhalten sich ähnlich wie bleifreie.

> *„Bleifreie Geschoße unterscheiden sich in ihrem Abprallverhalten nicht signifikant von bleihaltigen."*

Rückpraller

In welchen Situationen kann es überhaupt zu Rückprallern kommen, die für Mensch oder Tier (Hund) gefährlich oder sogar tödlich werden können?

Für den Schützen kann zunächst einmal die Visierlinienerhöhung der Jagdbüchse brandgefährlich sein! Das Zielfernrohr oder die Visierhilfe wird traditionellerweise über dem Lauf montiert. Je nach Bauart der Büchse kann dabei die Visierlinienerhöhung bis zu 10 Zentimeter betragen. Eine Bockbüchsflinte etwa hat eine große Montagehöhe. Bei einem modernen Repetierer sind es im Mittel nur rund 5 Zentimeter. Diese paar Zentimeter können aber zwischen Sein und Nichtsein entscheiden. Während der Schütze das Wild durch die Zieloptik anvisiert, kann der Lauf auf ein Hindernis zeigen, ohne dass der Schütze dies bemerkt. Wenn nun der Schuss auf kürzeste Entfernung auf dieses Hindernis trifft, dann hängt das Weitere davon ab, aus welchem Material das Hindernis besteht. Beim Geländer eines Hochstandes aus Holz wird dem Schützen nichts passieren, außer, dass man nicht trifft, und der Peinlichkeit für den Schützen. Bei einem Stein oder Felsen allerdings kann der Schütze, eventuell aber auch der Birschführer ernsthaft gefährdet werden. Mir sind zwei solcher Jagdunfälle bekannt, beide ereigneten sich bei der Gamsjagd im Hochgebirge, beide mit

Schuss in den Fels.

Die Flugbahn für das Geschoß muss immer frei sein!

tödlichem Ausgang für den Jäger bzw. Birschführer. Daher: Vor einem Schuss immer darauf achten, dass die Schussbahn vor dem Lauf absolut frei von Hindernissen ist!

Was passiert bei einem Schuss auf einen Granitstein? – Dies wollte ich im Zuge eines Versuches sichtbar machen. Dazu wurde 70 Zentimeter vor einem Stein ein Karton aufgebaut und darauf aus einem gesicherten Bereich auf 100 Meter Entfernung geschossen. Für den Versuch wurden das Kaliber .308 Win. und das 12,3 g Sierra-Match-Geschoß ausgewählt. Man sieht auf dem Foto unten, was da für ein Splitterregen an Geschoßteilen und Sekundärsplittern vom Stein zurückkommt! Und dann kann man sich gut vorstellen, was für eine Gefahr für den Schützen besteht, wenn er knapp vor sich in einen Stein schießt.

Auch bei Nah- oder Kurzschüssen sind Rückpraller ein Thema. Zahlreiche Versuche haben aber gezeigt, dass nach einem Schuss durch einen Wildkörper die Rückprallgefahr eher gering ist, insbesondere natürlich dann, wenn das Geschoß von einem Baum oder in gewachsenen weichen Boden eindringen kann. Aber selbst bei Kontakt mit einem Stein nach Durchgang durch den Wildkörper ist die Wahrscheinlichkeit, durch Splitter oder Sekundärsplitter verletzt zu werden, eher gering, sofern das Stück genügend stark im Wildbret ist. Wird schwaches Wild durchschossen, dann steigt aufgrund des kurzen Schusskanals zwangsläufig auch die Energie des Geschoßes, das den Wildkörper verlässt. Und damit steigt auch die Gefahr, durch einen

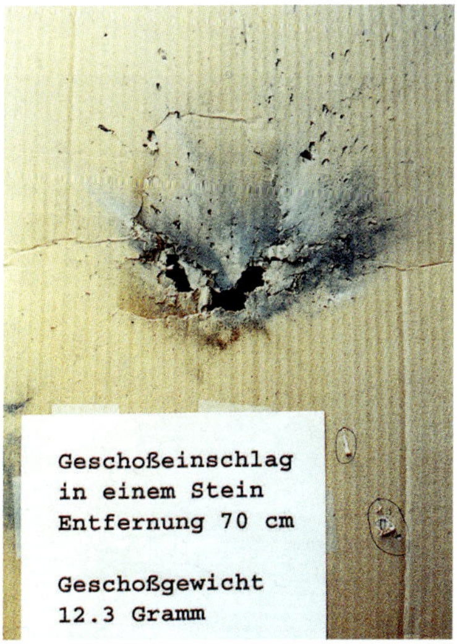

Steinbeschuss mit 70 Zentimeter davor aufgestelltem Karton.

Auf dem Karton sieht man den Splitterregen, der dem Schützen bei einem Schuss auf einen Granitstein entgegenkommen würde.

solchen Schuss verletzt zu werden. Ein Fehlschuss auf kurze Distanz, der auf Stein oder harten Untergrund trifft, gibt seine volle Energie und Wucht dort ab, und dann kann es wirklich ernsthafte oder tödliche Verletzungen geben.

Die Konsequenz daraus: Bei einem Nah- oder Kurzschuss muss immer auf einen weichen Boden geachtet werden. Der Schusswinkel sollte nicht zu steil sein. Man denke hier etwa an einen Fangschuss, bei dem der Lauf direkt am Wildkörper angesetzt wird, oder wenn man sich sonstwie ganz knapp oberhalb des Wildes befindet. Vier bis fünf Meter Abstand zum Stück reichen hier schon, um nicht Gefahr zu laufen, durch Splitter oder Geschoßteile verletzt zu werden.

Jagdunfall 1

Um den Stellenwert des Themas Kugelfang ein wenig zu beleuchten, möchte ich nun noch zwei Jagdunfälle schildern. Zwei Menschen wurden dabei schwer verletzt. Beide Unfälle hätten auch tödlich enden können. Schuldzuweisung werde ich dabei keine treffen.

Im Zuge einer Riegeljagd wurden an einem Weg drei Schützen angestellt. Ihre Position ist im Bild blau gekennzeichnet. Der lockere Bestand links wurde von hinten in Richtung Weg getrieben. Die

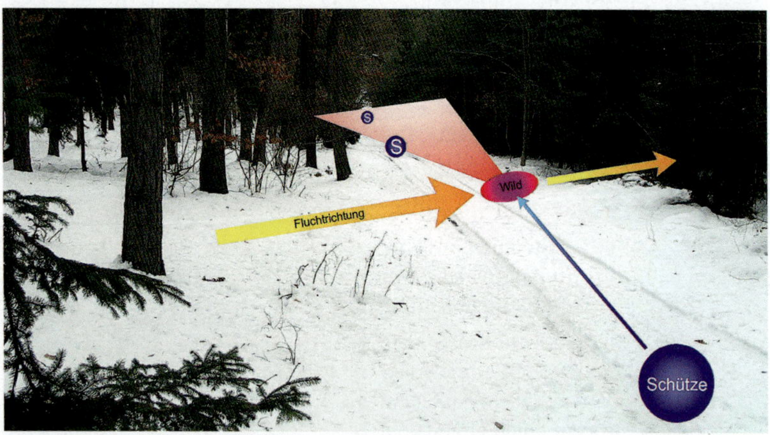

Die Situation bei Jagdunfall 1.

Fichtendickung auf der rechten Seite wurde nicht getrieben, sie gehört aber zum Revier und konnte bejagt werden. Vor Ort fiel die unqualifizierte Äußerung eines Jägers – nicht von der Jagdleitung –, die Schützen sollten sich nahe dem Treiben anstellen, also auf der linken Fahrspur des Weges, damit man in Richtung Dickung noch ein Stück Wild beschießen könne. Dieser Empfehlung folgten alle drei Jäger. – Tatsächlich überfiel dann ein etwa 50 Kilogramm schwerer Überläufer, aus dem Treiben kommend, den Weg an der im Bild markierten Stelle, und der vorderste Jäger schoss. Er führte eine Büchse im Kaliber 9,3×74 R mit dem 15 Gramm schweren Norma Vulkan-Geschoß.

Das Primärgeschoß mit 40 Prozent Restgewicht wurde gefunden. Ein Splitter, der den ganzen Wildkörper durchdrungen hatte, verletzte den zweiten Schützen schwer. Er durchschlug fast den ganzen Oberarm und streifte ein großes Blutgefäß. Nur mit viel Glück überlebte der Jäger.

Der Unglücksschütze rechtfertigte sich folgendermaßen: Er habe nicht gewusst, dass es Splitterbildung nach einem Treffer geben könne. Zudem habe er nicht gewusst, dass Splitter so gefährlich seien. Seiner Ansicht nach habe er bei dem Schuss ausreichenden Kugelfang gehabt.

Hier seien noch ein paar Anmerkungen erlaubt: Im Zuge des Anschlagens der Büchse muss es hier zu einem Linieren des Schützen durch die Schützenreihe gekommen sein. Die Schützen waren schlecht postiert und eigentlich nur ein Schuss in den Trieb möglich. Ein Schuss aus dem Trieb im dargestellten Winkel in Richtung Fichtendickung stellt für die beiden Schützen im Hintergrund ein Sicherheitsrisiko dar, da Splitter in die rot gefärbte Zone fliegen können. Auch hatte die Empfehlung, sich nahe zum Treiben zu stellen, den Schützen vermutlich geistig dahingehend vorbereitet, dass er schießen würde, sofern ein Stück den Weg überfällt.

Die Jagdleitung hätte die Schützenreihe ganz einfach 30 Meter in den Trieb verlegen können. Damit hätten sie genügend Schussfeld in den Trieb und auch außerhalb vorgefunden, mit geeignetem Kugelfang. Selbst bei einem Fehlschuss hätte von dem ein wenig in den Bestand verlegten Standort der Weg nicht getroffen werden können, und die erhöhte Abprallgefahr wäre vermieden worden.

Jagdunfall 2

Auch bei der Schilderung des zweiten Unfalles sei daran erinnert, dass hier keine Schuldzuweisung getroffen werden soll. Es geht nur um die Darstellung des Herganges und den damit verbundenen Lerneffekt.

Die Situation bei Jagdunfall 2.

Dieser Jagdunfall ereignete sich ebenfalls im Zuge einer Riegeljagd. Diesmal wurden mitten im Treiben zwei Schützen auf einem Waldweg angestellt, der links und rechts durch eine Dickung flankiert wurde. Aufgrund langjähriger Erfahrung wusste die Jagdleitung, dass an dieser Stelle immer wieder Sauen anwechselten. – Kurz vor Ende des Treibens überfiel eine Bache (sie wog 38 Kilo aufgebrochen) den Weg. Als sie sich an der im Bild eingezeichneten Stelle befand, schoss der hintere Jäger. Der Schuss traf. Ein Splitter des aus dem Wildkörper austretenden Geschoßes durchschlug allerdings die Thermojagdhose des vorderen Schützen, und auch noch die lange Thermounterwäsche. Der Splitter blieb im Oberschenkelmuskel stecken. Der operierende Arzt sagte nachher, der Splitter sei ganz knapp vor einem großen Blutgefäß steckengeblieben. Großes Glück im Unglück!

Hier rechtfertigte sich der Unglücksschütze folgendermaßen: Im Tunnelblick durchs Zielfernrohr habe er geglaubt, genügend Kugelfang zu haben. Im Vorfeld habe er nicht darüber nachgedacht, ob ein Schuss in dieser Aufstellungskonstellation überhaupt möglich sei. Er hatte sich also mental nicht vorbereitet. Als die Sau dann kam, ging alles so schnell, dass er nur mehr die Worte des Anstellers im Ohr hatte: „Auf diesem Stand musst du wirklich schnell sein!“

Auch zu diesem Unfall seien ein paar Anmerkungen erlaubt: Wie bei Unfall 1, muss es auch hier im Zuge des Anschlagens zu einem Linieren gekommen sein, also zu einer Gefährdung des zweiten Jägers. Wenn schon mitten in einem etwa 100 Hektar großen Treiben Schützen abgestellt werden, dann sollten sie gutes Schussfeld (Kugelfang!) und auch genügend Blickfeld haben. Ansprechen und schießen auf so einer engen Schneise können nur sehr erfahrene Jäger. Aufgrund des fehlenden Einblicks in die Dickung können Hunde oder Treiber erst sehr spät erkannt werden. Aus meiner Sicht hätte an dieser Schneise überhaupt kein Jäger angestellt werden dürfen. Denn Sicherheit wiegt zu jeder Zeit und in jeder Situation schwerer als der Jagderfolg.

Kugelfang – Einschätzung und mentale Vorbereitung

Laden und Entladen

Schusswaffen zu laden oder zu entladen bedeutet immer: Es muss ein sicherer Kugelfang vorhanden sein. Bei einer Schusswaffe muss immer von einer unbeabsichtigten Schussabgabe ausgegangen werden, da es jederzeit zu einer Fehlbedienung durch den Schützen oder zu einem Waffengebrechen im Zuge des Ent- oder Ladevorganges kommen kann. Drei Sicherheitsregeln sind es, die im Umgang mit Schusswaffen immer einzuhalten sind:

Sicherheitsregel 1: Überprüfung des Ladezustandes!

Wenn eine Waffe übernommen wird, muss überprüft werden, ob sie geladen ist oder nicht. Grundsätzlich geht man immer davon aus, dass sie geladen und entsichert ist.

Sicherheitsregel 2: Einnehmen eines sicheren Bereiches!

Gleichzeitig ist ein sicherer Bereich aufzusuchen, der ein gefahrloses Handhaben der Schusswaffe ermöglicht.

Was ist ein „sicherer Bereich"?

Sichere Bereiche sind Kugelfänge, in die ein Geschoß eindringen kann und die dessen Energie absorbieren. Grundsätzlich ist ein sicherer Bereich abseits von Menschen zu wählen. Das heißt, der Lauf zeigt in die entgegengesetzte Richtung vom Platz, wo beispielsweise der Birschführer steht. Gewachsener weicher Bodenbereich ist dabei genau der richtige Kugelfang. Beim Handhaben oder Bedienen der Waffe sollte diese in einem Winkel von etwa 30 Grad zum Boden gerichtet werden. Insbesondere Schusswaffen, die keine Kipplaufwaffen sind, also zum Beispiel Repetierer oder Selbstladebüchsen, werden häufig beim Laden/Entladen gegen den

Himmel gerichtet. Nur so viel dazu: Wir werden später, im Kapitel „Gefahr von oben“, auf die Gefährlichkeit eines „vom Himmel fallenden“ Geschoßes genau eingehen.

Besondere Aufmerksamkeit erfordert das Hantieren mit einer Schusswaffe in Räumen. Hier ist es wichtig, das Hantieren in Richtung einer Ecke durchzuführen, in der sich kein Mensch aufhält. Sollte trotz aller Vorsichtsmaßnahmen dennoch – aus welchem Grund auch immer – eine unbeabsichtigte Schussabgabe passieren, kann kaum jemand verletzt werden.

Achtung: Eine erhöhte Durchschussgefahr besteht insbesondere bei Fertigteilhäusern im Leichtriegelbau und erhöhte Abprallgefahr bei Räumen aus reinem Schalbeton (z.B. Keller).

Sicherheitsregeln 1 und 2: Laden/Entladen.

Beim Überprüfen des Ladezustandes und beim Laden oder Entladen ist der Büchsenlauf auf einen „sicheren Bereich“ zu richten.

Sicherheitsregel 3: Ziele nicht auf Menschen!

Eine Schusswaffe zu führen oder zu handhaben bedarf der vollen Konzentration. Man darf sich durch nichts in der Konzentration ablenken lassen. Nicht selten kommt es auf dem Schießstand vor, dass kurz vor dem Schuss das Handy läutet und nun der Anruf das Wichtigste ist. Dann kann es ganz schnell passieren, dass, abgelenkt wie man ist, der Lauf auf einen Menschen zeigt. Oder denken wir an die Birsch zu zweit: Stundenlang dackelt der Jagdgast hinter dem

Sicherheitsregel 3:
Nicht auf Menschen zielen.

Ein Büchsenlauf darf nie auf einen Menschen zeigen. Eine Waffenführung – wie auf dem Foto nachgestellt – darf unter keinen Umständen vorkommen!

Birschführer her und führt die Büchse lässig mit fast waagrechtem Lauf. Offensichtlich ist sich dieser Jäger gar nicht bewusst, dass er mit einer geladenen Büchse auf einen Menschen zeigt.

Kugelfang bei der Ansitzjagd

Beim Ansitzen richtet sich der Blick des Jägers auf einen bestimmten Bereich. Der Jäger hat normalerweise Zeit. Er kann sich einrichten und den Kugelfang im Bereich einschätzen, der für einen Schuss in Frage kommt. Nun ist es wichtig, sich gedanklich Schießzonen und Sicherheitszonen einzurichten. Dies hilft ungemein, falls es später auf der Bühne hektisch werden sollte, etwa in der Rehbrunft. Geländekanten, Feldraine, Sträucher und andere natürliche Abgrenzungen helfen, beim Schuss den Kugelfangbereich einzuhalten. Der Blick durchs Zielfernrohr engt das Gesichtsfeld enorm ein. Das geringe Gesichtsfeld kann die Perspektive verzerren, und wenn das Absehen erst einmal auf dem Stück steht, werden leicht die Grenzen für eine sichere Schussabgabe überschritten, wenn man sich nicht geistig vorbereitet hat. In der Dämmerung wird die Einschätzung des Kugelfanges nochmals schwieriger. Für denjenigen, der sich schon rechtzeitig bei gutem Licht seine Schießzonen eingerichtet und verinnerlicht hat, ist es dann ein Leichtes, im letzten Licht genau in der Schießzone einen Keiler zu erlegen, ohne nachher Gewissensbisse bezüglich der Sicherheit haben zu müssen.

Manchmal hätte man vor sich zwar Kugelfang, aber in der gedachten Verlängerung befindet sich verbautes Gebiet, eine Straße oder Autobahn, ein Fußballfeld, ein Wanderweg, ein am Feld arbeitender Landwirt mit seinem Traktor usw. Ein Schuss könnte überall dort einen Menschen gefährden und muss daher unterbleiben – trotz Kugelfang im Nahbereich.

So schnell kann es gehen!

Beim oberen Bild war „nur“ der Weg zu sehen, und einen Augenblick später steht plötzlich ein Mensch da. Obendrein: Es wäre sowieso kein geeigneter Kugelfang oberhalb des Stückes dagewesen.

Schusszone bei Tageslicht und in der Dämmerung.

Bei Tageslicht ist es sonnenklar: kein Kugelfang, daher kein Schuss. Anders bei fortgeschrittener Dämmerung: eine Einschätzung des Kugelfanges ist nicht mehr möglich. Daher müssen Schießzonen bei Tageslicht eingerichtet werden.

Kugelfang bei der Birschjagd

Die Birsch ist ein ganz anderes Kapitel wie der Ansitz. Da kann es mitunter schwierig werden, den Kugelfang richtig einzuschätzen. Mit jedem Schritt, mit jeder Wegbiegung, mit jeder Geländekuppe ergibt sich für den Jäger eine neue Situation. Er braucht volle Konzentration für das lautlose Fortbewegen, das Ansprechen, das Instellungbringen des Birschstockes usw. Da kann die Frage nach dem Kugelfang rasch untergehen. Auch kann durch den unbändigen Willen, das vor einem stehende Stück zu erlegen, der Überblick verlorengehen oder zumindest zur Nebensache werden – mitsamt der Frage, ob sich Menschen in der Nähe befinden könnten. Vor einem Schuss beim Birschen ist daher der nachfolgend beschriebene Sicherheitscheck notwendig.

Das Allererste ist ein umfassender Überblick über den Bereich des Kugelfanges: Könnten sich Menschen in diesem Bereich befinden? Dabei ist es wichtig, auch seitlich genügend weit auszuholen, denn wenn das Stück abspringt und kurz verhofft, gibt es nur mehr den Tunnelblick durchs Zielfernrohr. Eine umfassende Wahrnehmung ist dabei nicht mehr möglich. Jeder mag an dieser Stelle einmal in sich gehen und versuchen, sich an Situationen zu erinnern, wo nach dem Schuss plötzlich ein Mensch oder Fahrzeug auf-

Birsch an die Kirrung. Hier gibt es Kugelfang ohne Ende – beste Voraussetzungen für den Schuss!

Achtung, Mensch!

Oft steht bei der Birsch ganz plötzlich das Wild da. Es muss aber auch immer mit Menschen gerechnet werden. Also: Vollste Konzentration!

getaucht ist und man einen Blick zum Himmel gerichtet hat. Also: Der Kugelfang muss groß genug sein und relativ knapp hinter dem Stück liegen! Dabei sind Birschwege im Tal mit flankierenden Hängen naturgemäß günstiger als auf dem Grat eines Berges oder einer Geländekuppe. Auch Gegenhänge, die einen sicheren Kugelfang bieten, sind günstig. Fakt ist: Die Birschjagd erfordert zu jeder Zeit vollste Konzentration. Gefahrlose Schussabgaben, mit geeignetem Kugelfang, müssen immer Vorrang vor dem Jagderfolg haben.

Kammerschuss!

Der auf der Birsch beschossene Keiler zeichnet hervorragend nach diesem Kammerschuss. – Ansteigendes Gelände wie hier bedeutet meist geeigneten Kugelfang.

Riegeljagd

Sehen und Gesehenwerden

Sicherheitsbekleidung wurde noch vor ein paar Jahren belächelt. Gemeinsam mit dem Jagdmagazin „Weidwerk“ war ich in Österreich der erste, der Sicherheitsbekleidung bei Gesellschaftsjagden, insbesondere bei Riegeljagden, gefordert hat. „Veramerikanisierung“ wurde mir vorgeworfen. Heute ist Sicherheitsbekleidung bei Gesellschaftsjagden nicht mehr wegzudenken. Jeder weiß, wie wichtig es ist, alle Teilnehmer an einer solchen Jagd rechtzeitig und eindeutig wahrnehmen zu können. Das orange Hutband ist dabei die Mindestausrüstung und nur für den angestellten Jäger akzeptierbar. Allgemein ist die Oberbekleidung in Warnfarben – Orange oder Gelb – längst salonfähig, und selbst in Orange-Camouflage ist beste Jagdbekleidung zu bekommen. Manche Jagdleiter fordern solche Oberbekleidung auch für den angestellten Jäger. Dies ist absolut zu befürworten, denn notfalls hat jeder Autofahrer sogar eine Warnweste im Fahrzeug. Sehen und Gesehenwerden – das ist bei Gesellschaftsjagden aus Sicherheitsgründen das Um und Auf.

Für den Durchgehschützen oder Treiber sind Warnwesten sowieso Standard. Hundehalsungen und Schlagschutzwesten in Warnfarbe gehören ebenfalls schon zum Riegeljagd-Alltag.

Vielleicht noch ein Wort zum Thema „Wahrnehmung von Warnfarben durch das Wild“. Da gibt es wissenschaftliche Untersuchungen, die besagen, dass Wild zum Beispiel die Farbe Orange viel schlechter wahrnimmt als etliche Grüntöne. Die Warnwesten der angestellten Jäger sollten lediglich keine reflektierenden Streifen aufweisen, wie es bei Fahrzeugwesten der Fall ist. Diese können nämlich den Jäger bei grellem Sonnenlicht tatsächlich sehr früh verraten.

> *„Das Um und Auf: Alle Teilnehmer an einer Riegeljagd müssen rechtzeitig wahrgenommen werden können!“*

Vor der Riegeljagd.
Bereits auf dem Sammelplatz wird die Sicherheitsbekleidung kontrolliert.

Während der Riegeljagd.
Ohne Sicherheitsbekleidung wäre dieser Treiber im Gelände nicht wahrzunehmen.

Fast unsichtbar.

Manchmal ist ein Mensch selbst mit Sicherheitsbekleidung kaum wahrzunehmen. Daher immer höchste Konzentration am Schützenstand!

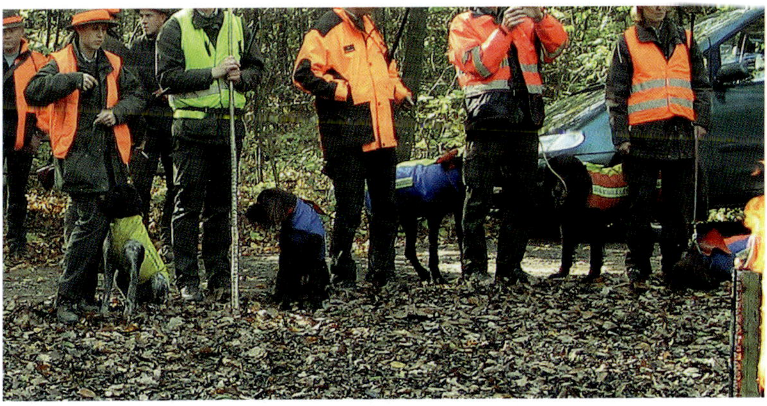

Hunde mit Schlagschutzwesten.

Sicherheitsbekleidung auch bei den Schlagschutzwesten der Hunde erhöht deren Wahrnehmbarkeit.

Auswahl der Stände

Die Stände mit den größten Chancen müssen nicht immer auch sicher sein. Daher ist bei der Standauswahl auch bereits auf den Kugelfang zu achten. Auf jeden Fall zu vermeiden ist die Aufstellung von Schützenreihen an endlos langen geraden Wegen, die von Dickungen flankiert sind. Hier gibt es keine ausreichenden Schießzonen und kaum Kugelfang. Ebenso ungünstig für Riegeljagden ist ganz flaches Gelände ohne Gegenhang. Da ist, wenn überhaupt, ein Schuss nur auf sehr kurze Entfernung möglich. Alle Stände, die nicht sicher sind, sollten von vornherein ausgeschieden werden. Gräben und kupiertes Gelände sind, wie erwähnt, für einen Kugelfang günstig. Stände sollten dabei so tief wie möglich im Tal oder Graben sein. Das gewährleistet, dass der Kugelfang sehr knapp hinter dem Stück beginnt, ausgenommen den Berg- oder Hügelrücken. Wenn an Geländeerhöhungen angestellt wird, muss der Schütze auch Gegenhänge haben, die Kugelfang bieten. Je stumpfer der Auftreffwinkel des Geschoßes auf den gewachsenen Boden ist, desto geringer die Gefahr von Abprallern.

Asphaltierte Straßen oder befestigte Wege, die fast das ganze Schussfeld des angestellten Jägers umfassen, sind für einen Stand untauglich. Manchmal braucht ein Stand nur um zwanzig Meter verlegt werden, und schon sieht die Sache hinsichtlich des Kugelfanges ganz anders aus. Auch das Hinterland darf nie aus den Augen verloren werden. Liegen dort Autobahnen, Bahnstrecken, bebaute Flächen, usw., so sind dies für einen Schützenstand ungünstige Voraussetzungen.

Günstig ist es jedenfalls immer, wenn der Nachbarschütze wahrgenommen werden kann. Allerdings sind bei großen Treiben die Schützenabstände oft so weit auseinander, dass dies nicht möglich ist. Ein genauer Plan, der vor Beginn der Jagd ausgeteilt wird, kann hier Abhilfe schaffen und den Teilnehmern Orientierung bieten.

Flaches Gelände.

Das Wild wechselt zwar an, aber der Stand ist schlecht gewählt. Hier gibt es kaum beschießbare Bereiche mit Kugelfang. – Die Kugel muss hier im Lauf bleiben.

Im Gegenhang.

Ein kupiertes Gelände mit einsehbarem Gegenhang bietet grundsätzlich guten Kugelfang – wie es hier der Fall ist.

Über die Straße.

Wege und Straßen sind kein geeigneter Kugelfang. Der verdichtete Boden, in diesem Fall Asphalt, kann das Geschoß nicht aufnehmen.

Leicht ansteigendes Gelände.

Ein Top-Schützenstand! Kugelfang, so weit das Auge reicht …

Jagdeinrichtungen

Jeder Meter, den der Jäger höher steht, ist ein Vorteil hinsichtlich des Kugelfanges. Mit Hilfe von Hochständen für die Riegeljagd kann die Sicherheit am Stand wesentlich erhöht werden. Ein solcher Hochstand ist aber keine Ansitzleiter oder Ansitzkanzel im herkömmlichen Sinn. Bei der Riegeljagd ist Bewegungsfreiheit gefragt, der Schütze muss sich auf seinem „Arbeitsplatz“ auch bewegen können. Daher sollten solche Hochstände kein Dach haben. Wenn es schon mit Dach sein muss, dann sollte jedenfalls genügend Platz zum Anschlagen der Büchse vorhanden sein; nur die vier Hochstandsteher dürfen den Schützen in seiner Bewegungsfreiheit einschränken.

Ein Allheilmittel sind Hochstände für die Riegeljagd aber auch nicht, denn manchmal ist der Aufwand für das Aufstellen in einem Treiben sehr hoch. Der Aufstellungsort muss gut gewählt sein. Ideal ist es, wenn er mit Traktor oder Geländewagen erreicht werden kann. Sorgsam und mit Umsicht gewählte Stände am Boden sind aber genauso gut, sofern eben Kugelfang vorhanden ist.

Hochstand für die Riegeljagd.

Jeder Meter höher ist ein Vorteil hinsichtlich des Kugelfanges. Garantie für einen geeigneten Kugelfang ist aber auch der Hochstand nicht.

Riegeljagdseminare

Seit einigen Jahren leite ich Vorbereitungskurse für Riegeljagden, und die Klientel ist sehr gemischt. Vom Jäger, der noch nie an einer Riegeljagd teilgenommen hat, bis zum versierten Riegeljagdschützen ist alles dabei. Auf ein paar Themen und Fragen, die in diesem Seminar immer wieder auftauchen, möchte ich hier eingehen. Es geht dabei um die Sicherheit und um die Steigerung der Schützenleistung. Der Kugelfang ist natürlich ein Hauptthema des Seminars.

Rotwild und Schwarzwild – unterschiedlicher Kugelfang?

Bei der Einschätzung des Kugelfanges spielt es natürlich auch eine Rolle, auf welches Wild gejagt wird. Wenn wir uns auf dem Stand einrichten und Sicherheitszonen sowie Schießzonen festlegen, denken wir zunächst einmal nicht an verschiedene Wildarten. Doch wo manchmal Schwarzwild noch mit gutem Kugelfang beschossen werden kann, ist bei Rotwild schon die Jagd vorbei. Wie auf dem untenstehenden Foto ersichtlich, ist es nicht unerheblich, auch sehr hochläufige Wildarten in die Kugelfanganalyse einzubinden. Im Foto-Beispiel unten könnte schwaches Schwarzwild noch mit gutem Kugelfang beschossen werden, Rotwild hingegen nicht mehr. Die Stauden im Hintergrund bieten keinen Kugelfang.

Unterschiedlicher Kugelfang bei Schwarzwild und Rotwild.

Beim Einschätzen des Kugelfanges und Festlegen des beschießbaren Bereiches muss stets auch hochläufiges Wild einkalkuliert werden.

Also: Bei der Kugelfanganalyse muss immer auch die Größe bzw. Höhe der Wildart berücksichtigt werden. Wenn dies bei der vorherigen Festlegung der Schießzone nicht geschieht, und es würde unvermutet Rotwild statt des erwarteten Schwarzwildes in dieser Schießzone auftauchen, so würde der Jäger ohne weiteres Nachdenken schießen. Der Bereich ist ja für ihn als Schießbereich vorgemerkt und eingeprägt. Erst nach dem Stress und dem Tunnelblick durchs Zielfernrohr, wenn wieder die ganze Schießzone wahrgenommen wird, würde ihm klar werden, dass dies ein Schuss ohne Kugelfang war.

Ist der Schuss in den Trieb erlaubt?

Die Frage nach dem Schuss ins Treiben beantwortet zunächst der Jagdleiter bei der Eröffnung der Jagd. Grundsätzlich sollte er auf dieses Thema eingehen, und eigentlich spricht nichts gegen den Schuss in den Trieb, außer es handelt sich um ein Gelände, das zum Beispiel mit vielen großen Steinen durchsetzt ist. Auch andere Gründe können den Schuss in den Trieb unterbinden, wie etwa bei einer Schwarzwildjagd in oder um ein Maisfeld oder im Schilf. Immer dann, wenn der Kugelfang nicht eingeschätzt werden kann oder die Sicht in den Trieb bis zu dem Bereich, wo das Geschoß dann tatsächlich auftrifft, nicht gegeben ist, ist ein Schuss ins Treiben aus

Alles gut einsehbar. Beim Schuss in den Trieb braucht man viel Übersicht: Das Wild muss wahrgenommen, sicher angesprochen und beschossen werden können.

Alles nur schemenhaft.

Keine Frage – hier darf kein Schuss fallen!

Sicherheitsgründen nicht möglich. Ansonsten ist der Schuss in den Trieb genauso wie der Schuss aus dem Treiben zu behandeln: Die Sicherheit darf nie auf dem Spiel stehen. Im Trieb sind natürlich Menschen, aber auch außerhalb kann jederzeit ein Mensch unvorhergesehen auftauchen, etwa ein Wanderer oder ein Radfahrer. Immer wieder: Ein ausreichender Kugelfang ist die Grundvoraussetzung für jeden Schuss!

Sicherheitszonen, Schießzonen und mentale Vorbereitung

Eine gute Vorbereitung des Jägers auf dem Stand vor dem Trieb ist das Um und Auf. Zunächst sollte der Jäger ausloten, von wo Wild anwechseln könnte. Nachdem dies getan ist, werden Sicherheitszonen und Schießzonen – je nach Kugelfang – festgelegt. Danach muss sich der Jäger diese Bereiche verinnerlichen und immer wiederholen, vor allem die Grenzen, ab wann und bis wohin ein Schuss möglich ist. Größere Objekte, wie starke Bäume oder Geländekanten, helfen, diese Grenzen zwischen Schießzone und Sicherheitszone im Ernstfall rasch und eindeutig zu identifizieren. Dies ist insofern wichtig, da im Stress und durch den Tunnelblick vor dem Schuss alles nur mehr sehr eingeschränkt und verlangsamt wahrgenommen wird. Selbst der versierte Jäger wird nämlich in der vollen Dynamik einer Riegeljagdszene nicht mehr die Zeit und die Umsicht haben, die Grenze zwischen „Geht!", also geeignetem Kugelfang, und „Hahn in Ruh!" rasch zu finden. Daher sind die mentale Vorbereitung auf dem Stand und die Festlegung der Zonen so entscheidend. Zeit dafür hat man auf Riegeljagden zur Genüge. Sollte ein Stück Wild anwechseln, bevor die Analyse des Kugelfanges abgeschlossen ist, bleibt selbstredend der Abzugsfinger gerade.

Sollten Sicherheitszonen von der Jagdleitung vor Ort eingezeichnet worden sein, dann heißt das nicht schon, dass für alle anderen Bereiche „Feuer frei" gilt. Eine persönliche Einschätzung der restlichen Bereiche hinsichtlich des Kugelfanges bleibt dem Jäger nicht erspart. Denn, und das darf nie vergessen werden: Jeder Jäger ist für seinen Schuss selbst verantwortlich.

Freier Schützenstand

Ist auf einem Schützenstand keine Sicherheitszone ausgewiesen, und dieser nur mittels Nummer auf einem Baum oder dergleichen markiert, dann kann der Schütze ein wenig rechts oder links davon seinen Stand nehmen, wenn er von dort seiner Einschätzung nach ein besseres Schussfeld hat. Mehr als zwei bis maximal drei Meter nach rechts oder links dürfen es allerdings nicht sein. Jedenfalls kann es nicht angehen, wenn ein Jäger seinen Stand gleich um zwanzig Meter verlegt, noch dazu ins Treiben hinein, nur weil er meint, dort bessere Chancen zu haben. Dies wäre ein grober Verstoß gegen die Sicherheitsregeln. „Freier Schützenstand" heißt also: Dem Jäger ist Bewegungsfreiheit gewährt, aber eben nur eine geringe.

Tunnelblick. Ohne mentale Vorbereitung auf dem Stand weiß man nicht, ob und wo genau Kugelfang gegeben ist. Deshalb ist die vorherige Festlegung von Sicherheitszonen und Schießzonen so entscheidend. Im Zweifelsfall bleibt die Kugel im Lauf.

Gebundener Schützenstand

Werden von der Jagdleitung Sicherheitszonen für einen Stand ausdrücklich ausgewiesen, dann sind diese strikt einzuhalten. Sicherheitszonen definieren Bereiche, in die kein Schuss erfolgen darf. Meistens sind in diese Richtungen weitere Schützen angestellt, es können aber auch verbaute Gebiete oder Ähnliches dahinter liegen. Um die ausgewiesene Sicherheitszone exakt einhalten zu können, darf dem Jäger keine Bewegungsfreiheit eingeräumt werden. Würde dieser nämlich seinen Stand um drei Meter nach rechts oder links verlegen, dann würde sich auch der Winkel hinsichtlich der ausgewiesenen Sicherheitszone ändern. – Steht der Jäger bei der Riegeljagd auf einem Hochstand, so ist die Sache einfach: Er kann seine Position nicht verändern. Ist kein Hochstand oder andere bauliche Einrichtung da, so kann am Boden eine einfache Begrenzung errichtet werden. Dies ist wichtig, da der Schütze tatsächlich an einer bestimmten Stelle stehen muss. Auch entscheidend: Alles muss am Stand selbstredend sein, denn große Erklärungen beim Anstellen stören nur und ziehen es in die Länge.

Die Kennzeichnung der Sicherheitszonen seitens der Jagdleitung erfolgt meist mit Leuchtspray an Bäumen oder Sträuchern. Auf dem untersten Foto auf der nächsten Seite erkennt man: Der Bereich zwischen den Pfeilen ist für den Schuss tabu. Zwischen den Pfeilen können Querstriche angebracht sein; sie sollen nur die Wahrnehmbarkeit der Zone unterstreichen. Auch durch Holzstangen oder Ähnliches kann man Sicherheitszonen ausweisen. Das Aufhängen von roten Fähnchen halte ich für nicht gut, denn alles, was sich bewegt, wird auch vom Wild wahrgenommen und gemieden.

Auch hier nochmals der Hinweis: Auch bei Ständen, bei welchen eine Sicherheitszone ausgewiesen ist, ist eine persönliche Einschätzung notwendig. Die von der Jagdleitung markierten Sicherheitszonen können durchaus eine zusätzliche Einschränkung durch den Schützen selbst erfahren. Er, der Jäger selbst, ist es, der vor dem Trieb die Sicherheitszonen und die Schießbereiche bestimmt! Er, der Jäger selbst, ist es, der für seinen Schuss verantwortlich ist!

Sicherheitszone 1.

Zwischen die roten Markierungen hinein darf kein Schuss abgegeben werden.

Sicherheitszone 2.

Die Sicherheitszone erstreckt sich von der roten Markierung nach links – mit gutem Grund: kein Kugelfang!

Ein brauchbar eingerichteter Schützenstand

Bei Riegeljagden haben es die Jäger meist schwerer als beim Ansitz. Manchmal wird ein Stand zugewiesen, der gar keine Auflage bietet, von einem gemütlichen Sitzen ganz zu schweigen. Daher muss der Jäger für den Fall der Fälle seinen Schützenstand selbst mitführen. Im Klartext: Ich habe immer ein Dreibein bei mir, als Auflage und Ablage für meine Büchse. Auch die Ablage des Rucksackes ist dort möglich. Damit kann ich den Rücken entlasten, und der „Arbeitsplatz" ist perfekt eingerichtet. Das Dreibein erlaubt mir eine 360-Grad-Drehung und ein entspanntes leises Stehen am Stand. Jeder Jäger hat eben so seine Ideen und Utensilien, um sich die Arbeit am Stand zu erleichtern. Entscheidend ist jedenfalls, eine gute Schießhilfe dabeizuhaben, bei der wenig Bewegung für eine Schussabgabe notwendig ist. Gern werden Büchsen abgestellt und an einen Baum gelehnt. Ich sehe das als Sicherheitsrisiko an, denn in der Hektik kann die Büchse umfallen, mit allen bekannten Problemen. Ein gut eingerichteter Schützenstand hilft, die Sicherheit, aber auch die Schützenleistung zu erhöhen. Wer nur die Büchse mitführt, wird viele Chancen auslassen.

Ein brauchbar eingerichteter Schützenstand.

Alles liegt griffbereit, und das Gewehr ist stabil aufgelegt: Da geht sich auch ein Schuss auf mehr als 50 Meter Entfernung aus.

Verlassen des Standes?

Auf keinen Fall darf der zugewiesene Schützenstand während einer Riegeljagd eigenmächtig verlassen werden – auch nicht für eine kurze Nachsuche! Die Nachbarschützen, die Jagdleitung und auch die Durchgehschützen mitsamt den Jagdhelfern, alle wissen, wo wer steht und vertrauen darauf, dass er auch dort bleibt. Es kann nicht sein, dass jemand durch Eigenmächtigkeit die Sicherheit auf der Riegeljagd ins Wanken bringt. Die einzige Ausnahme ist ein gesundheitlicher Notfall. Dann aber erfolgt das Verlassen des Standes unter lautem Bekanntmachen des Problems hin zu den Standnachbarn. In den meisten Revieren besteht ohnedies guter Empfang fürs Mobiltelefon. Dann ist zuallererst die Jagdleitung zu verständigen. Die Telefonnummer des Jagdleiters sollte bereits auf dem Sammelplatz bekanntgegeben werden. Dieser kümmert sich dann um die Rettungskette, denn meistens weiß niemand sonst, wo eine Zufahrt zum Standort des Betroffenen möglich ist. Damit aber wieder zurück zum „normalen" Ablauf. Da muss der angestellte Jäger natürlich auch wissen, wann die Jagd zu Ende ist und wer ihn abholt.

Zuerst ansprechen, dann schießen!

Vor dem Schuss muss das Stück immer genau angesprochen sein. Manchmal wird es vom Schützen wahrgenommen, verschwindet dann aber wieder. Wenn es dann kurz darauf wieder da ist, so muss das nicht unbedingt dasselbe Stück sein. Sogar ein Mensch könnte unvermutet dastehen. Ob nun Jagdteilnehmer oder Unbeteiligter, immer und überall kann plötzlich ein Mensch auftauchen. Deshalb muss vor jeder Schussabgabe immer wieder angesprochen werden, ganz gleich, wie oft ein Stück Wild bereits zuvor wahrgenommen wurde. Man würde meinen: Das ist doch eine Selbstverständlichkeit! Die Jagdunfälle der letzten Jahre bezeugen jedoch leider das Gegenteil.

Linieren verboten!
Beim Anschlagen der Büchse oder bei der Visieraufnahme darf der Lauf nie in Richtung eines Menschen zeigen. (Gestelltes Foto)

Linieren verboten!

Auf das Thema „Linieren“ wird schon in der Jungjägerausbildung ausführlich eingegangen. Wie wir vorhin bei den beiden Jagdunfällen gesehen haben, muss es dabei zum Linieren gekommen sein. Fest steht jedenfalls: Beim Anschlagen der Büchse oder bei der Visieraufnahme darf der Lauf nie in Richtung eines Menschen zeigen. Bei der Auswahl der Stände kann auch die Jagdleitung schon viel gegen das Linieren tun: Wer nämlich genügend Schiesszone auf seinem Stand hat, kommt nicht in die Versuchung, die Büchse sehr knapp in die Richtung angestellter Jäger anzuschlagen. Wir erinnern uns an die Sicherheitsregel 3: „Ziele nie auf Menschen!“

Nasse Wiesen, Wasserpfützen und Schnee

In nasse Wiesen oder Felder mit Wasserpfützen kann ein Büchsengeschoß bei flachem Schusswinkel nicht eindringen. Sie stellen damit keinen Kugelfang dar. Ein drallstabilisierter Abpraller bedeutet für das Hinterland auf große Entfernung eine tödliche Gefahr für Mensch und Tier – bis zu mehreren Tausend Metern. Aus einem Liegendanschlag heraus auf einer nassen Wiese einen Fuchs zu fehlen, wäre also brennheiß!

Und wie verhalten sich Büchsengeschoße im Schnee? – Vor Jahren fand ich auf einem Schießplatz beim Abtauen des Schnees Büchsengeschoße, die nahezu unversehrt auf dem Schnee oder Erdboden lagen. Dies war sehr ungewöhnlich, weil es dort einen großen Erdwall als Geschoßfang gab. Ich habe dann eine Versuchsreihe mit dem Büchsenkaliber .308 Win. durchgeführt. Als Geschoße wurden das Sierra Match mit 12,3 Gramm und ein RWS H-Mantel mit 11,7 Gramm verwendet. Bei einer Entfernung von 25 Metern wurde der Schnee zu einer geraden Kante abgeschaufelt und nach 2,5 Metern ein Karton eingesteckt, nach 5 Metern Schnee abermals einer. Bei jeweils drei Schüssen pro Geschoßtyp durchschlugen alle 6 Geschoße den ersten Karton. Keines der Geschoße erreichte allerdings den Karton nach 5 Metern. Die Geschoße wurden zwischen 3 und 4 Metern im Schnee gefunden: Alle hatten sich überschlagen und waren fast unversehrt. Zwei H-Mantelgeschoße waren an der Spitze leicht aufgerissen. Das heißt: Schnee kann Geschoße relativ schnell stoppen. Als verlässlicher Kugelfang scheidet Schnee trotzdem aus: Denn die Schneezusammensetzung kann nicht genau vorhergesagt werden, und diese gibt den größten Ausschlag in Hinsicht darauf, wie rasch ein Geschoß gestoppt wird. Also: Eine Schneewechte, auch wenn sie noch so groß und lang sein mag, ist kein geeigneter Kugelfang, der das Büchsengeschoß verlässlich entschärft.

Die Gefahr von oben

Ein in steilem Winkel gegen den Himmel abgefeuertes Büchsengeschoß ist eine ernsthafte Gefahr für Mensch und Tier. Da auch bei sehr steilen Schusswinkeln und damit langem Geschoßflug die Umdrehungsgeschwindigkeit nur unwesentlich verlorengeht, birgt es über den gesamten Flugverlauf eine tödliche Wirkung. Bei einem Abschusswinkel von mehr als 80 Grad kommen die Geschoße in der Regel heckvoran zurück auf die Erde. Bei einem flacheren Abschusswinkel als 80 Grad – was in der Regel der Fall ist –, kommen die Geschoße mit der Spitze voran zum Boden zurück. Die sogenannte „Fallschirmgeschwindigkeit" ist jene, die das Geschoß erreicht, wenn es im freien Fall auf dem Boden aufschlägt. Kommt das Geschoß heckvoran zu Boden, ist die Geschwindigkeit geringer. Sie reicht aber immer noch aus, um schwere Verletzungen zu verursachen. Nachdem das Geschoß fast immer mit der Spitze voran zu Boden kommt, ist diese Geschwindigkeit höher und die Gefährlichkeit größer. Ein durchschnittliches Jagdgeschoß erreicht spitzvoran eine Fallschirmgeschwindigkeit zwischen 120 und 150 Metern pro Sekunde – genug, um in Kopf oder Körper eines Menschen einzudringen.

Kugelfang beim Fangschuss

Der Fangschuss auf ein schwer verwundetes, handlungsunfähiges Wildtier ist immer mit Stress verbunden. Umso mehr ist hier Erfahrung und Umsicht gefordert. Hektik hat dabei überhaupt nichts verloren. Beim Fangschuss auf verletztes Wild – zum Beispiel bei einem Verkehrsunfall – sollten unbedingt alle Umstehenden ersucht werden, den Aktionsraum zu verlassen. Dann muss geprüft werden, ob für den Schuss mit der Büchse genügend Kugelfang vorhanden ist. Asphalt etwa verursacht Abpraller, wobei nicht nur Geschoßsplitter, sondern auch Asphaltteile durch die Gegend fliegen könnten. Daher muss man danach trachten, irgendwo gewachsenen Boden als Kugelfang zu bekommen. Manchmal gelingt es, mit flachem Schusswinkel einen solchen Kugelfang zu erreichen, nur darf dieser nicht zu weit vom Ziel entfernt sein.

Auch das Abfangen mit der kalten Waffe muss gut überlegt und geübt sein.

Fassen wir zusammen: Wenn ein Fangschuss abgeben werden muss, sollte dieser nicht gegen einen harten Boden erfolgen. Der Schusswinkel sollte nicht steiler als 25 Grad sein. Nach dem Geschoßdurchlauf durch den Wildkörper werden die Geschoßrestenergie und auch die Wirksamkeit der Geschoßsplitter wesentlich gesenkt.

Achtung! Beim Fangschuss – meist handelt es sich dabei ja um einen Kurzschuss – muss auch auf die Visierlinienerhöhung geachtet werden. Die Montagehöhe des Zielfernrohres auf der Büchse verursacht auf kurze Entfernung einen Tiefschuss. Beim Visieren ist damit der Haltepunkt um etwa 4 bis 5 Zentimeter höher als der gewünschte Treffpunkt zu wählen.

„Niemals beim Fangschuss vergessen:
Das Zielfernrohr sitzt höher als der Lauf!"

Kugelfang bei der Nachsuche

An einer Nachsuche nehmen manchmal mehrere Personen teil. Auch abgestellte Jäger, die das angeflickte Wild erlegen sollen, können Teil der Nachsuche sein. All dies macht die Sache nicht einfacher. Jedenfalls sollten Jäger nicht in Stoßrichtung des Nachsuchengespannes abgestellt werden. Niemand kann aber vorhersagen, wo die Wundfährte tatsächlich verläuft, und eine Richtungsänderung kann schnell passieren. Dabei sind dann auf einmal alle abgestellten Schützen gefährdet, weil niemand weiß, wo sich der andere befindet. Manchmal stellt der Hund das Stück, und dann haben plötzlich alle Jäger den Drang, so schnell wie möglich dorthin zu gelangen. Dies gilt es, von vornherein zu verhindern, denn es darf ohnehin nur der Hundeführer sich dem stellenden Hund nähern und den Fangschuss antragen.

Der Hundeführer wird natürlich versuchen, jede Chance zur Erlegung des kranken Tieres zu nutzen. Auch der Schuss durch eine Staude ist dabei manchmal notwendig. Aber Achtung: Durch Splitterbildung und Destabilisierung des Geschoßes kann der Hund gefährdet sein, aber auch andere Jäger. Gräser und andere Vegetation unmittelbar vor dem Stück können vernachlässigt werden. Bei Stauden liegen die Dinge schon etwas anders: Hier muss zunächst einmal das Stück vor dem Schuss einwandfrei anzusprechen sein, und dann sollte ein Loch mit freier Schussbahn gefunden werden. Der Fangschuss darf jedenfalls erst dann fallen, wenn geeigneter Kugelfang gegeben ist. Kurzschüsse mit steilem Schusswinkel sollten vermieden werden. Zur Minimierung der Eigengefährdung durch Splitter sind ein paar Meter Abstand zum beschießenden Wild notwendig. Der Haltepunkt auf die tötungswirksamen Zonen wie Trägeransatz oder Blatt ist einem Kunstschuss aufs Haupt oder auf den Träger vorzuziehen. Die Wildbretentwertung ist dabei absolut zweitrangig. Selbstredend wird ein variables Zielfernrohr beim Fangschuss auf eine kleine Vergrößerung gestellt. Maximal großes Gesichtsfeld ist in dieser Situation das Gebot der Stunde. Das Schießen mit beiden Augen offen wäre sehr günstig, muss aber vorher intensiv geübt werden.

Steuermann Abzugsfinger

Der Abzugsfinger als Steuermann für die Schussabgabe hat zwar nichts mit dem Einschätzen des Kugelfanges zu tun. Dennoch möchte ich die Gelegenheit nutzen, um darauf hinzuweisen, dass der Schussfinger niemals in den Abzugsbügel hineinreichen darf, wenn der Schuss nicht unmittelbar bevorsteht. Der Grund: das Vermeiden eines unbeabsichtigten Schusses. Nicht einmal der größte Kugelfang kann ein fahrlässig ausgeschicktes Geschoß stoppen. Bleibt der Abzugsfinger aber dem Abzugszüngel bis unmittelbar vor dem Schuss fern, dann kann kein unbeabsichtigter Schuss passieren. Der Abzugsfinger ist daher immer lang zu führen, also außerhalb des Abzugsbügels. Erst, wenn das Abkommen auf dem Wildkörper steht, darf der Finger auf das Züngel gelegt werden. Intensives Üben auf dem Schießstand garantiert, dass dieser Bewegungsablauf automatisiert wird. Ist das der Fall, dann kann fast keine unbeabsichtigte Schussabgabe mehr vorkommen.

Finger lang!

Bis unmittelbar vor dem Schuss muss der Abzugsfinger entlang des Abzugsbügels gerade geführt werden.

Wer mehr sieht, jagt sicherer!

Visierhilfen jeglicher Art schränken das Gesichtsfeld des Schützen ein. Bei offener Visierung oder Rotpunktvisieren ohne Vergrößerung ist das Gesichtsfeld sehr groß, sofern mit beiden Augen offen geschossen wird. Ab etwa 50 Meter stoßen diese Visierhilfen allerdings an ihre Grenzen.
Je höher die Vergrößerung eines Zielfernrohres ist, desto kleiner ist Gesichtsfeld beim Schuss. In Bezug auf den Kugelfang heißt das: Für dessen Einschätzung steht wenig Fläche zur Verfügung. Zur Beurteilung und dauernden Beobachtung des Kugelfanges wäre aber ein möglichst großes Gesichtsfeld günstig. Daher sollte der Jäger immer zu hochwertigen Zielhilfen greifen. Wer mehr sieht, jagt sicherer! Beim Ansitz ist dies vielleicht noch nicht das ganz große Kriterium, aber bei der Riegeljagd in jedem Fall. Da erhöht

Mehr Durchblick.

Insbesondere bei Riegeljagden sind Zielfernrohre mit großem Gesichtsfeld gefragt. Ein großes Gesichtsfeld bringt ein Plus an Sicherheit und eine bessere Chancenauswertung.

eine gute Optik mit dementsprechend großem Gesichtsfeld sehr wohl die Sicherheit.

Zielfernohre verfügen im Normalfall über einen Drei- oder Vierfach-Zoom. Technisch auf dem letzten Stand sind Zielfernrohre mit Fünffach- oder sogar Sechsfach-Zoom (z.B. Swarovski Z6i 1–6×24) und dementsprechendem Gesichtsfeld von bis zu 42 Metern auf 100 Meter. Damit hat der Jäger ein riesiges Gesichtsfeld, um einerseits das Wild rechtzeitig wahrzunehmen und anderseits, um die jagdliche Bühne bestmöglich zu beobachten. Außerdem können die Begrenzungen der Sicherheits- oder Schießzonen auch in der Hitze des Gefechtes schneller und eindeutiger wahrgenommen werden. Es steht außer Frage: Ein großes Gesichtsfeld erhöht die Sicherheit, und die steht bei der Jagd immer im Vordergrund. Ein großes Gesichtsfeld ist aber nicht nur in Bezug auf Sicherheit top, sondern hilft auch, dass man seine Chancen wahrnimmt.

III.

Bildbeispiele

Gerade, wenn es um die Beurteilung des Kugelfanges geht, sagen Bilder mehr als tausend Worte. Begleiten Sie uns also auf Birschgängen durch verschiedene Reviere, und beantworten Sie jeweils vor dem Lesen der Bildunterschrift für sich selbst, ob Sie schießen würden oder nicht.

Zunächst ziehen zwei Überläufer herauf, doch leider gibt es keinen Kugelfang ...

... Dann kommt die ganze Rotte nach, noch immer ist kein Schuss möglich ...

... Plötzlich steht der Keiler da! Aber Sträucher und Bäume sind kein Kugelfang ...

... Der Keiler zieht zwar vollkommen breit vorbei, aber immer noch: kein Kugelfang! ...

... Jetzt steht ein Überläufer breit. Aber wir haben nach oben hin keinen Kugelfang im Falle eines Fehlschusses, und auch nicht für Splitter bzw. das Primärgeschoß bei einem Treffer.

Dieselbe Situation, nur in der Dämmerung. Wer das Gelände bei Tageslicht nicht gesehen hat, wird vermutlich schießen – obwohl kein Kugelfang vorhanden ist.

Wer hier schon abdrückt, schießt auf ein Stück Schalenwild, das viel zu schräg steht. Sowohl Ein- als auch Ausschuss müssen sich in der Kammer befinden, und außerdem wäre der Frischling hinter dem Keiler durch Splitter gefährdet.

Am Limit! Der Schuss könnte gewagt werden, denn der Keiler steht breit, und das richtungsstabile Primärgeschoß und eventuelle Splitter können vom knapp hinter dem Stück befindlichen Kugelfang aufgenommen werden. Nach oben haben wir für einen Fehlschuss allerdings wenig Platz.

Hier ist kein Kugelfang vorhanden. Beim Schuss mit dem Flintenlaufgeschoß würden wir zusätzlich einen Abpraller von 30 Grad riskieren, verursacht durch einen seitlichen Treffer oder Streifschuss am Baum.

Viel zu viel Gras in der Schussbahn! Ein oder zwei Halme würden keine Rolle spielen, aber die Dosis macht das Gift.

Noch hätten wir guten Kugelfang für den Schuss auf diesen alten Rehbock ...

... Jetzt ist es aber zu spät! Man weiß nicht, was sich hinter dem Gras befindet.

Auch wenn es die letzte Chance wäre, es ist eine Frage der Ehre, diesen Bock nicht zu beschießen. Er steht viel zu schräg, die Bauchhöhle würde getroffen, mit den bekannten Nachteilen fürs Wildbret. Der Schuss auf den Träger ist auch keine Lösung, zu groß wäre die Gefahr, nur die Luftröhre zu treffen.

Dieser Bock steht erstens zu spitz, und zweitens ist zu viel Gras im Schussfeld.

Auch wenn der Keiler noch so kapital ist, hier verbietet sich ein Schuss.

Hinterlandgefährdung! Kein Kugelfang!

Jagdliche Sternstunden – hier passt alles.

Der Widder würde schon passen, nicht aber der Kugelfang.

Man muss es nur erwarten können: Jetzt ist genügend Kugelfang in alle Richtungen.

Genau in der Schießzone kommt der Keiler angewechselt. Es passt!

Hoffentlich hat sich der Jäger hier eine Sicherheitszone vorgemerkt. Der Gefährdungsbereich durch das Geschoß würde weit in den Wald hineinreichen, und niemand weiß, wo die Treiber sind…

… Ein paar Augenblicke später: Jetzt ist genügend Kugelfang für den Schuss vorhanden.

Schließlich kommen auch noch Mufflons. Die Kugel muss aber im Lauf bleiben – bei einem Fehlschuss wäre oberhalb des Stückes nicht genügend Kugelfang.

Auch wenn der Bursche noch so verlockend anwechselt: Es ist kein Kugelfang vorhanden...

... Irgendwie hat er es geahnt. Wie er gekommen ist, ist er leider auch wieder über alle Berge dahin. Auch hier: kein geeigneter Kugelfang.

Obwohl der Kugelfang recht weit weg ist, reicht er trotzdem aus, um Geschoß und Splitter gefahrlos zu entsorgen. Der Schuss geht sich aus.

Der Stand ist zwar ein Kaiserstand, aber leider kommen die Sauen durch, ohne dass sie beschossen werden: nicht genügend Kugelfang …

... Vielleicht wird's noch was? Hier aber sicher nicht! ...

... Wie verhext – jetzt haben sie den Jäger mitbekommen und schieben an ...

... Der letzte Anblick, das Hinterteil lässt grüßen!

Wer hier schießt, handelt grob fahrlässig!

Die Kugel sitzt gut, gleich wird er rollieren!

Stauden wie diese verursachen Deformation, Destabilisation und Splitterung des Geschoßes. Ganz abgesehen davon, dass kein Kugelfang da ist.
Die Kugel bleibt selbstredend im Lauf.

Beide würden passen! …

... Blattschuss! ...

... Das Stück bleibt im Feuer – perfekt! Und perfekt war auch der knapp dahinter liegende Kugelfang.

Da gibt es keinen geeigneten Kugelfang – leider!

Kein Schuss – das Risiko ist zu groß: Nur geringfügig seitlich abgekommen, und vom Gebrechschuss bis hin zum Schulterdurchschuss ist alles drin. Sitzt der Schuss genau in der Mitte, wäre von zerfetzten Hohlorganen im Bauchbereich bis zu Splittern im edlen Rücken zu rechnen.

Gleich wird's passen!

Brennheiß! Ist die Kugel dorthin einmal aus dem Lauf, dann hält sie wirklich keine Macht der Welt mehr auf. Auch wenn die Beiden noch so stark sind – kein Kugelfang!

So soll's sein! Genug Kugelfang, Breitseite, abgewartet, bis die Straße überfallen worden ist, und wenn der erste Keiler im Feuer bleibt, dann kann man sich dem zweiten widmen. Bleibt nur noch zu sagen: Weidmannsheil...

Literatur

STEINHAUSER, N. (2010): „Büchse“. Österreichischer Jagd- und Fischerei-Verlag, Wien.

DEVA (2011): „Abprallverhalten von Jagdmunition“, Schlussbericht.

DEVA (2013): „Abprallverhalten von Jagdmunition – Flintenlaufgeschoße“, Schlussbericht.

GREMSE, C., RIEGER, S. (2012): „Ergänzende Untersuchung zur Tötungswirkung bleifreier Geschoße“. Abschlussbericht. Eberswalde.

KNEUBUEHL, B. (1994): „Geschoße“. Verlag Stocker-Schmid, Zürich.

KNEUBUEHL, B. (2008), COUPLAND, R., ROTHSCHILD, M., THALI, M.: „Wundballistik“. 3. Auflage. Springer Verlag, Heidelberg.

KNEUBUEHL, B. (2011): „Vergleich der Gefährdung durch abgeprallte bleihaltige und bleifreie Jagdgeschoße“. Universität Bern.

KNEUBUEHL, B. (2013): „Vergleich der Gefährdung durch abgeprallte bleihaltige und bleifreie Flintenlaufgeschoße und Schrot“. Universität Bern.

SELLIER, K. (1977): „Schusswaffen und Schusswirkungen II“. 2. Auflage, Verlag Max Schmidt-Römhild, Lübeck.

SELLIER, K. (1982): „Schusswaffen und Schusswirkungen I“. 2. Auflage, Verlag Max Schmidt-Römhild, Lübeck.

SELLIER, K.; KNEUBUEHL, B. (1992): „Wundballistik“. Springer-Verlag, Heidelberg.